小廚娘Olivia的

美好食光

Cooking 83 in Kitchen

讓家更有味道的
幸福料理

小廚娘Olivia／邱韻文 著

料理讓我體驗飲食生活的美好

另一半的母親非常會做中菜，所以剛開始學料理，便決定要用不同的料理路線，一來是讓先生能換換口味，二來是免去被比較的狀況（對男生來說媽媽味永遠完勝）。大學時自己就讀英文系，研究歐美菜系時，可以很直接快速取得資訊和豐富資源，而不是被動的等翻譯書籍上架。

正值在熱戀期時開始學料理，我特別會注重擺盤和餐桌美學，營造出輕鬆浪漫的氛圍，所以料理風格、擺盤技巧、生活美感等細節，一直都努力學習，而這些用心，很容易能傳達給用餐者，讓品嘗的過程更加甜蜜。

為了在完成料理時，仍然能保持迷人優雅的形象，建議新手不要心急的想端出三菜一湯上桌，挑選食譜中的「野餐輕食」或是「家常料理」，料理前先準備冷泡茶和水果，在冰箱冷藏備用作為配餐，如此就能放鬆緩慢培養下廚的基本概念。

利用週末優閒的時光，享受烘焙作甜食的樂趣，或設計一套慢食菜單，從湯品、主餐、配菜，甜點，兩人一起準備料理、享用；再料理、再享用，這樣的早午餐或午晚餐從料理到品嘗的時間拉長，達到慢食的精神，兼顧健康與優閒的心情。

逐漸熟稔於廚房的步驟後，便可以磨刀霍霍向節慶料理挑戰，邀請親朋好友來訪前，我通常會在一個月前先設計好菜單並試做（這樣才不用在近期吃同樣的料理），依照料理程序的經驗再做微調，可以提前準備的都先處理好，在客人到訪時，才能從容不迫的遊走於廚房與餐桌間，可以賓主盡歡的同桌用餐才是最棒的待客之道。

最後感謝在料理研究及孕育本書時，給予支持鼓勵的親朋好友，尤其是另一半老爺用愛、讚美及陪伴，啟發我對料理及生活美學的興趣。希望讀者們都能感受我投注於本書的熱情，期待你們也能同樂於飲食生活的美好。

sweet chef ♡

開始吧～
讓我們一起開心的做菜！

CONTENTS

目錄 ● ● ●

Chapter 1
大滿足的日常餐桌

Chapter 2
調製浪漫的小情調

Chapter 3
親友相聚的重要時刻

Chapter 1

大滿足的日常餐桌

週間晚餐就是要簡單快速完成，
輕鬆的大快朵頤～

家常料理

初學料理時，另一半經常稱讚母親廚藝，準婆婆
又很擅長中式菜肴，為了避免比較，加上英文系
的我對歐美料理很有興趣，感覺容易上手又很快
速，一盤義大利麵和燉飯，輕鬆搭杯茶，就很有
家庭餐廳的氣氛。

滾水煮麵，在煮好前熱鍋炒配料，最後與麵拌炒
均勻，約 10 分鐘就完成了。麵疙瘩可在週末先
做好冷凍，平日就能快速出菜。

燉飯稍微費時需要 20 ～ 30 分鐘，如果隨性些，
用隔夜飯來和醬汁燴煮，同樣 10 分鐘搞定。

野餐輕食

擁擠繁忙城市生活，三五好友相約在水邊綠地野
餐，享受優閒的週末時光，心情真的紓壓療癒。

野餐食物也是令人為之振奮的主題之一！方便取
用、小巧、簡單，還有冷了也好吃等，都是野餐
料理的訣竅，這個主題中介紹了三明治、鹹派、
漢堡，或是可以人手一杯的清爽沙拉，在大自然
的氛圍，能和朋友分享美食、心情，很是開心。

西班牙臘腸燜飯

帶有濃郁匈牙利紅椒香氣的西班牙臘腸,油脂芬芳豐厚,可直接切厚片作為下酒肉盤,或是切丁入菜。南美受西班牙殖民時代的影響,廣泛運用在拉丁語系國家的料理中,將臘腸的美味釋放於米飯中,再綴以酸香的檸檬汁、平葉巴西利就頗有南美豪邁的料理精神。

分量 **2-3** 人份

材料

西班牙米 ／150g

洋蔥碎 ／100g

西班牙臘腸丁（Chorizo）／80g

黃甜椒 ／100g（約 1 顆）

白酒 ／100ml

雞高湯 ／400-500ml

平葉巴西利（parsley）／少許

檸檬角 ／2 個

Tabasco ／少許

步驟

1 熱鍋，將洋蔥碎和西班牙臘腸丁下鍋翻炒至洋蔥軟化。

2 放入生米拌炒約 1 分鐘。

3 加入白酒煮至沸騰約 1 分鐘後，加入 100ml 高湯拌炒至水分被米粒吸收，重複加入高湯的步驟直到米粒煮至喜愛的熟度（約 20 分鐘）。

4 最後一次加高湯時，以鹽和黑胡椒調味，熄火後加入黃甜椒，上鍋蓋燜 5 分鐘。

5 最後依喜好撒上適量的平葉巴西利、檸檬汁和 Tabasco 拌勻享用。

TIPS

🥕 雞高湯也可以依各人喜好選擇用蔬菜高湯取代。

🥕 一般來說，燉飯都是選用長米的西班牙米亦可改用義大利米，這二種米吸水性較台灣米弱，久煮米芯仍保有嚼勁，吸飽湯汁時相當美味，適合燉飯。

🥕 不吃辣的人可以省略 Tabasco。

牛肝蕈菇燉飯

在歐洲很常見的牛肝蕈菇，有著濃郁的木質香氣，讓人彷彿在歐洲秋季森林中漫步。若買不到整朵的乾燥牛肝蕈菇，可以改嘗試使用更方便的牛肝蕈菇粉，風味與料理完美融合。當然，若也可以其他菇菌類替代，也是簡單美味的菇菇燉飯。

🍴 分量 2 人份

TIPS

乾燥的牛肝蕈菇可以在網路、百貨公司超市、西式食材商店購得。
白酒盡量挑選較不甜的，風味較佳。
清洗蘑菇時，使用沾濕的廚房紙巾擦拭，或是快速沖洗，不要泡在水中以免吸收過多水分，香氣流失。
傳統義式燉飯會留有米芯微硬的口感，可依個人喜好調整。

🍅 材料

義大利米 ╱ 150g

牛肝蕈菇粉 ╱ 1 大匙

洋蔥 ╱ 1/2 顆

大蒜 ╱ 1 瓣

蘑菇 ╱ 100g

白酒 ╱ 100ml

雞高湯 ╱ 1L

鮮奶 ╱ 200ml

鹽 ╱ 適量

黑胡椒 ╱ 適量

莫札瑞拉乳酪 ╱ 適量（可略）

🥄 步驟

1　洋蔥切細碎；大蒜切碎；蘑菇切片備用。

2　中火熱鍋，鍋中刷上薄薄一層油，將洋蔥
　　碎、大蒜碎下鍋拌炒至透明軟化。
　　加入蘑菇拌炒三分鐘或至顏色轉棕軟化。

3　義大利米下鍋拌炒均勻後，加入白酒煮至沸
　　騰並被米吸收。

4　承上，加入 1 大匙的雞高湯，攪拌至高湯
　　被米吸收後，再加入 1 大匙的高湯。（反
　　覆這個動作直到高湯用盡，或是米粒煮至喜
　　歡的熟度。）

5　最後加入牛肝蕈菇粉、鮮奶拌勻，起鍋前以
　　鹽、黑胡椒調味。

6　在烤盤上將 1 小把莫札瑞拉乳酪鋪成圓餅
　　狀，放入已預熱好的烤箱中，以 180℃烤 5
　　分鐘至金黃微焦，放涼後當然燉飯的裝飾即
　　可。

熏鮭魚薔薇燉飯

忙碌的日子想偷懶一下，那麼用隔夜白飯十分
鐘完成美味也非難事。嫩紅色薔薇醬結合白醬
與番茄，濃郁酸香正好開胃又解膩，熏鮭魚也
可以改用培根或雞肉，也能依喜好添加蘆筍、
青豆等食材，讓料理更豐盛。

分量 **2** 人份

材料

白飯 ／ 1 小碗（約 200 克）

燻鮭魚 ／ 1 ～ 2 片

洋蔥碎 ／ 50g

番茄糊 ／ 50g

白酒 ／ 50ml

鮮奶油 ／ 50ml

魚高湯 ／ 100ml

平葉洋香菜/巴西利（parsley）／ 少許

鹽 ／ 適量

白胡椒 ／ 適量

羅勒葉 ／ 1 片（裝飾用可略）

步驟

1 熱鍋，以中小火將洋蔥拌炒至透明軟化後，加入番茄糊拌炒均勻。

2 轉大火，加入白酒燒煮至沸騰後，加入鮮奶油、魚高湯拌勻，再次煮沸。

3 加入白飯和撕成小塊的燻鮭魚拌煮入味，最後以洋香菜、鹽和白胡椒調味。

4 盛盤後的裝飾：將部分燻鮭魚撕成長條狀，慢慢捲成玫瑰花，並綴以羅勒葉即可。

平葉洋香菜（parsley，又稱巴西利）無論是乾燥或新鮮的都 OK，美味不變。

自己煮魚高湯：

將 100g 魚骨加 300ml 水，煮沸後轉小火煮 15-30 分鐘。魚骨可用 30g 的小魚乾或柴魚片代替。過濾後即是魚高湯，適用各種海鮮料理

蒜香鯷魚鮮蝦天使細麵

天使麵是最細的義大利麵，最適合清炒。因為天使麵 2 分鐘就能煮熟，直接一鍋煮的烹調手法，讓麵條吸飽以蝦頭熬煮出的鮮甜湯汁，最後再下蝦就不會過度烹煮，麵條軟 Q、蝦肉彈牙，番茄及新鮮香草則讓整體更為爽口。

分量 **1** 人份

材料

天使麵 ／ 80g
油漬鯷魚 ／ 1 片（或約 1 茶匙）
鮮蝦 ／ 5 隻
牛番茄 ／ 1 顆
大蒜 ／ 1 瓣
開水 ／ 500ml
鹽 ／ 適量
白胡椒 ／ 適量
新鮮羅勒 ／ 少許
蒔蘿 ／ 少許

步驟

1 番茄去皮蒂後切丁；大蒜切碎。

2 將蝦頭上的觸鬚剝除，剝除蝦頭保留備用，去除蝦殼及腳，開背去泥腸。

3 熱鍋，下 1 大匙橄欖油，以中小火將大蒜碎及鯷魚炒香。

4 下番茄丁、蝦頭炒至蝦頭變紅色，加入開水煮至滾沸，再以鹽和白胡椒調味。

5 將蝦肉及天使麵下鍋拌炒約 2 分鐘，收汁入味後，盛盤並綴以新鮮香草即可。

TIPS

油漬鯷魚是歐洲常見食材，地位就像中菜的干貝、蝦米，其鹹香滋味能帶出料理的鮮美。鯷魚像是我們常見的丁香魚，在去除內臟，以鹽巴醃過後用橄欖油低溫封存，與大蒜爆香後，可為料理帶來畫龍點睛的鹹香味。

白醬鮭魚菠菜千層麵

鮭魚用白酒、蒔蘿和檸檬汁煨煮，白醬添加了乳酪及鮮奶油，滋味濃郁。奶油白、鮭魚橙和菠菜綠構成完美的視覺效果，千層麵和豐富的食材配料層層交疊，餐桌前的大家充滿期待的分盤，一吃就愛上的美味。

分量 2 人份

TIPS 可以另外準備 2 枝用新鮮蒔蘿，在盛盤後裝飾用。

🍅 材料

千層麵 ／100g	新鮮蒔蘿 ／1 枝
鮭魚 ／150g	洋蔥碎 ／80g
白酒 ／100ml	菠菜葉 ／100g
鹽 ／適量	鮮奶油 ／100g
白胡椒 ／適量	現刨帕瑪善乳酪 ／約 1 大匙
檸檬汁 ／1 大匙	莫札瑞拉乳酪 ／約 60g

🥣 步驟

1 菠菜葉切成約 5 公分平方大小，放入加 1 茶匙橄欖油及 1/2 茶匙鹽巴的滾水中汆燙 1 分鐘，撈起瀝乾備用。

2 鮭魚撒上鹽、白胡椒，再與白酒、蒔蘿、洋蔥碎及檸檬汁一起下鍋，以中火煮滾後轉小火，蓋上鍋蓋燜煮 10 分鐘至鮭魚熟透。

3 將鮭魚剝成小塊，並去除魚皮和魚刺。

4 步驟 2 煮鮭魚的湯汁中，將蒔蘿取出，加入剝成小塊的鮭魚及鮮奶油，以鹽和白胡椒調味。

5 以一層千層麵、一層燙菠菜、一層鮭魚白醬的順序層層將食材疊好。

6 撒上少許的莫札瑞拉乳酪，放入已預熱好的烤箱中，以 170℃烤 4 ～ 5 分鐘至表面金黃微焦即可。

南瓜麵疙瘩佐焦化奶油

義式南瓜麵疙瘩的做法簡單，橙黃的色澤很漂亮，麵疙瘩帶有南瓜的香甜，及柔軟又有彈性的口感，包裹著帶有堅果香氣的焦化奶油，綴以鼠尾草、堅果或葡萄乾，刨上少許帕瑪善乳酪，令人著迷的簡單美味。搭配培根白醬也很適合！

🍴 分量 **2** 人份

南瓜去皮、去籽蒸熟後，可以 160℃烤 15 分鐘，烤去多餘水分讓風味濃縮，當次未用完的，待放涼後分裝入保鮮袋冷凍，2 個月內使用完畢。

鼠尾草與南瓜、豬肉很契合，用奶油煎香灑在南瓜燉飯上，或與豬排一起香煎，還有搭配烤歐式豬肉腸都很美味。很建議到花市的香草鋪子買一小盆在家養著，圓圓的葉子帶著細短絨毛可愛極了，很療癒呢！

材料

麵糰

蒸熟的南瓜泥 ／150g

低筋麵粉 ／150g

鹽 ／1/4 茶匙

帕瑪森乳酪 ／約 1 茶匙

無鹽奶油 ／50g

麵疙瘩

鼠尾草 ／適量

鹽巴 ／適量

帕馬善乳酪 ／適量

步驟

1　將麵糰材料放入麵包機中拌揉均勻成無乾粉狀的麵糰（沒有麵包機者用手揉也 OK）。

2　檯面以熱水燙過殺菌擦乾，撒上麵粉防止沾黏，取出麵糰放在上面，再以刮刀分切成小小塊，用撒上麵粉的叉子，在麵疙瘩上壓出凹痕即為生南瓜麵疙瘩。

3　煮一鍋水，煮滾後，將生南瓜麵疙瘩下鍋煮至浮起，撈起瀝掉多餘水分。

4　另熱一炒鍋，以中小火加熱奶油至棕色而未焦的狀態，加少許鹽巴和鼠尾草調味。

5　將步驟 3 煮好的麵疙瘩下鍋翻炒均入味後，盛盤，最後綴以新鮮鼠尾草，再刨上帕馬善乳酪即可。

白酒蛤蜊義大利麵

海洋鮮美與白酒結合的醬汁，簡單卻有著讓人一吃就著迷的清爽風味～
重點是在餐廳擁有超高人氣這道料理，做法真的好容易，備料及烹調時間也很短，趕快學會就能在家舒服的享用囉！

🍴 分量 2-3 人份

材料

義大利麵 ／ 150 ～ 200g
橄欖油 ／ 1 大匙
大蒜 ／ 2 瓣 切片
蛤蜊 ／ 600g
鹽 ／ 適量
白胡椒 ／ 適量
新鮮平葉巴西利（parsley）／少許

步驟

1 準備一鍋滾水，加 1/2 茶匙的鹽巴，將義大
利麵依包裝指定時間烹煮好後，撈起瀝乾水
分，備用。

2 同時準備 1 個深炒鍋，冷鍋冷油，以中小
火將蒜片爆香後，加入蛤蜊、白酒後轉中大
火，蓋上鍋蓋燜煮 3 分鐘至蛤蜊殼開。

3 加入步驟 1 的義大利麵拌炒均勻，最後以鹽
巴、白胡椒粉調味即可盛盤，再綴以新鮮巴
西利裝飾即可。

TIPS

義大利麵推薦寬扁麵 Linguine，口感很優
喔！

蛤蜊買回家後，先以加少許鹽的冷水浸泡
吐砂一陣子後再料理，且最好當日食用完
畢。

波隆那肉醬義大利寬扁麵

義大利人對義大利麵的吃法很固執，單純將絞肉、洋蔥、番茄等食材熬煮至香氣緊密融合的經典義大利波隆納肉醬，與寬版義大利麵（Tagliatelle）的組合，最後再刨上雪花般散落的帕瑪乳酪，就這樣～請嘗嘗他們絕對堅持的美味吧！

🍴 分量 **2-3** 人份

材料

義大利寬版麵 ／240g	紅酒 ／100ml
牛絞肉 ／300g	豬高湯 ／1 公升
豬絞肉 ／600g	番茄糊 ／200g
洋蔥碎 ／200g	帕瑪森乳酪 ／少許
紅蘿蔔碎 ／100g	

步驟

1 將洋蔥、紅蘿蔔、豬絞肉和牛絞肉下鍋，拌炒約 10 分鐘至肉香釋出，加入紅酒煮至沸騰，再加入番茄糊拌炒均勻，最後加入豬高湯以中火煮滾後，轉小火慢燉約 2 小時。（使用萬用鍋的話，選擇牛肉功能，烹調完成後至少保溫 1 小時。）

2 承上，以鹽巴、黑胡椒調味即為波隆那肉醬。

3 準備一鍋滾水，加入 1/2 茶匙鹽巴，依照包裝指示時間減少 12 分鐘，將麵條煮熟，撈起瀝乾多餘水分。

4 麵煮好後，與熱騰騰的波隆那肉醬一起拌炒入味，以鹽和黑胡椒調味，盛盤後刨上帕瑪森乳酪即可。

TIPS

豬肉本身就擁有豐富油脂，用不沾材質的鍋具可以不用放油。若用萬用鍋的話，可以無水烹調功能調理。

多做的分量可以分裝冷凍，每人份的醬料約 300 ～ 400g。

正宗義大利的吃法是不加羅勒葉的，為了拍照的視覺效果，所以點綴少許。

明太子白醬義大利麵

明太子是以唐辛子、鹽、日本酒等等醃漬過的鱈魚卵，辛辣濃郁的鹹香，和溫順的白醬巧妙結合，綴以海苔絲就是這道人氣和風洋食！

🍴分量 1 人份

材料

義大利麵 ／ 70g
奶油 ／ 15g
麵粉 ／ 2 茶匙
鮮奶 ／ 300ml
明太子 ／ 15g
鹽巴 ／ 適量
海苔絲 ／ 適量

步驟

1 煮一鍋滾水並加入 1/2 茶匙的鹽巴，將義大
利麵下鍋並依包裝指示時間烹煮，將麵條煮
熟，撈起瀝乾多餘水分。

2 同時，另起一炒鍋，以中小火融化奶油後，
撒入麵粉拌炒均勻後，徐徐加入鮮奶拌勻。

3 再依序加入剝碎的明太子及煮好的義大利
麵，最後以少許鹽調味好即可盛盤，再綴以
海苔絲即可。

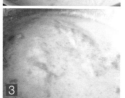

 TIPS

白醬做法也可以一次多做些，再分裝冷凍，
這樣下回要煮義大利麵時就能快速完成美
味。每人份的醬料約 300 ～ 400g。

明太子本身已有鹹味，所以此道鹽的分量
可以少量添加，食用時亦可加入現磨黑胡
椒更香喔！

干貝蘆筍義大利麵

先將干貝煎至表面金黃焦香,用帶有海鮮香氣的
奶油,拌炒蘆筍和義大利麵,最後綴上少許的檸
檬酸香,是一道非常清爽且充滿春意的簡單好味。

🍴 分量 **1** 人份

 選用生食等級的干貝,單煎一面既能保留鮮嫩多汁的口感,也能擁有焦香風味,好幸福
喔!

🍅 材料

義大利麵 ／70g
冷凍大干貝 ／3 ～ 5 顆
蘆筍 ／5 根
檸檬 ／1/2 顆

奶油 ／約 10g
葡萄籽油 ／1 大匙
新鮮羅勒葉 ／少許（可略）

🥄 步驟

1 煮一鍋滾水加 1/4 茶匙的鹽，依包裝指示時
間，將義大利麵煮至彈牙，撈起瀝乾多餘水
分。

2 煎鍋中放入奶油和葡萄籽油，以中火熱鍋，
干貝下鍋煎至表面金黃，盛起備用。

3 同一鍋，將切小段的蘆筍下鍋翻炒 1 分鐘，
加入煮好的義大利麵翻炒入味，最後以鹽和
黑胡椒調味後盛盤，放上干貝，綴以新鮮羅
勒葉，撒上檸檬皮屑和檸檬汁即可。

有些蘆筍稍微粗壯一點，建議
稍微削去表皮後，再切後入鍋
料理，口感較好。

原來義大利麵好多、好好玩

義大利麵種類繁多，逛超市時發現麵條還有很多造型呢！
其實義大利麵是很隨興的料理，可以依各人喜好選擇，不一定要依食譜中的麵條煮喔，只是像清炒（沒有濃稠湯汁）就較適合天使麵、直麵，因為較細容易入味，其他種類就較適合與醬汁一起拌炒，吸飽濃郁醬汁的義大利麵，真的很美味喔！

義大利麵烹煮時間

　　每種麵條建議依照包裝指示的時間做些微調整，例如包裝上註明烹煮時間為 10 分鐘，建議煮 9 分鐘就撈起瀝乾，放到煮好醬汁的鍋中拌炒，過程大約是 1～2 分鐘，這短短的時間不只是讓麵條剛好熟透，也能吸附醬汁入味，讓麵更好吃。

　　如果包裝上並沒有註明烹煮時間，則依照麵體的粗細判斷：天使細麵約 2～3 分鐘；直麵、筆管麵、蝴蝶麵等，約 8～13 分鐘，可以一邊試吃來判斷。

　　如果是自製義大利麵（生麵條），烹煮時間大約是乾燥麵條的一半。麵條可以冷藏保存 3～5 天，冷凍則至少能保存兩週，下鍋烹煮前毋需退冰。

迷你貝殼麵、可愛造型麵

可以加在濃湯或蔬菜湯中，非常適合給小孩享用，可以讓小孩自己喜歡的造型，我有看過車子、農場動物、卡通人物等造型。（可以在網路商城、HOLA、超市買到）

1. 千層麵 Lasagne

將煮熟的麵鋪上一層醬汁餡料在蓋上另一層麵，千層麵即因層層相疊而得名。常見的千層麵口味除了白醬外，搭配肉醬後焗烤也很美味。

2. 義大利直麵 Spaghetti

市售最常見的麵條，無論清炒或搭配任何醬汁都好味。

3. 天使細麵 Angel Hair/Capellini

比喻為天使的髮絲，是很細的麵條，烹煮時間短，適合清炒。

4. 寬扁麵 Tagliatelle

又稱鳥巢麵，長的像緞帶般的長麵，搭配波隆納肉醬是經典，和白醬這種濃郁的醬汁也很契合。

5. 筆管麵 Penne

兩端斜口的中空造型，裡面可以載負醬汁，適合搭配起司紅醬或白醬這種濃郁的醬汁。

6. 蝴蝶麵 Farfalle

如蝴蝶結般的造型，特別受到女性的愛戴，熱炒、冷食都適宜，用來做女生愛吃的輕食沙拉最適合。

鮮蝦芒果酪梨沙拉

彈脆的鮮蝦和綿滑的酪梨芒果，薄荷和辣椒清涼
微辣的刺激味蕾，這道清爽營養的夏日沙拉也可
以作為宴客前菜或野餐輕食。

🍴 分量 **5** 人份

TIPS
所有材料都可依喜好的口味調整分量。

將撥下來的蝦殼及蝦頭不要丟棄，只要放回燙蝦的水中煮三分鐘，將蝦膏擠壓出來，濾
出來的湯就是「蝦高湯」。冷凍保存賞味期限約兩週，可用來作為海鮮料理的基底。

材料

冷凍鮮蝦 ／5 隻
芒果 ／100g
酪梨 ／100g
檸檬汁（或白酒醋）／1 茶匙

初榨橄欖油 ／3 大匙
新鮮薄荷 ／1 小把
辣椒 ／1 根
鹽巴 ／適量

步驟

1 芒果去皮後切丁備用。

2 將酪梨縱切對半，碰到果核後就轉動酪梨切一圈，刀卡入果核中轉動去籽。在果皮中直接劃刀，再用湯匙舀出酪梨丁，備用。

3 薄荷葉和辣椒切碎備用。

4 將酪梨丁、芒果丁、檸檬汁、橄欖油、薄荷和辣椒全部拌勻，以鹽調味後即為芒果酪梨沙拉，先放入冰箱冷藏備用。

5 煮一小鍋滾水，加 1/2 茶匙的鹽巴，鮮蝦下鍋煮兩分鐘後，撈起泡冰水，剝去蝦殼。

6 將芒果酪梨沙拉盛盤，再放上鮮蝦即可。

馬鈴薯蛋沙拉

清爽的馬鈴薯沙拉營養很均衡,有鬆綿的馬鈴薯、爽脆的小黃瓜和紅蘿蔔、軟嫩的水煮蛋,是很容易帶出門的野餐料理,好吃又很方便喔!

分量 **2** 人份

材料

馬鈴薯 ／ 2~3 顆
小黃瓜 ／ 1 根
紅蘿蔔 ／ 1/3 根
水煮蛋 ／ 2 顆
美乃滋 ／ 2 茶匙
鹽巴 ／ 適量
現磨黑胡椒 ／ 適量

步驟

1 馬鈴薯去皮、切丁，以滾水煮約 10 分鐘至
   熟後瀝乾備用。

2 紅蘿蔔和小黃瓜先順紋直切對半後，再逆紋
   切成半圓形的薄片，撒上 1 茶匙的鹽巴抓
   醃半小時，稍微擠乾水分。

3 水煮蛋剝殼、切丁。

4 將所有食材放入攪拌盆中攪拌拌勻，最後以
   鹽和黑胡椒調味即可。

TIPS

雞蛋可以和馬鈴薯一起蒸煮。

馬鈴薯煮法

微電鍋：馬鈴薯丁放入內鍋，加水淹過馬
       鈴薯，使用再加熱 25 分鐘功能。

一般電鍋：馬鈴薯丁放入內鍋，外鍋放半
       杯水，煮至開關跳起，再燜 5
       分鐘。

庫克太太三明治

Croque-Madame 源自法國咖啡餐館的經典輕食，夾著火腿、乳酪和白醬的三明治，Croque 是法文酥脆的意思，帶著像仕女帽的荷包蛋便是庫克太太，沒有荷包蛋的就是庫克先生三明治喔！

🍴 分量 **2** 人份

▲ 庫克先生三明治

 乳酪絲建議使用艾曼塔乳酪 Emmental 或格瑞爾乳酪 Gruyère。

🍅 材料

雞蛋 / 2 顆	洋蔥碎 / 30g
奶油 / 30g	鹽和黑胡椒 / 適量
麵粉 / 30g	吐司 / 4 片
鮮奶 / 200ml	火腿 / 4 片
丁香 / 1 顆	乳酪絲 / 適量

🥣 步驟

1 以中小火將奶油和麵粉拌炒均勻後，慢慢加入鮮奶拌勻，丁香和洋蔥碎也下鍋，小火煮 10 分鐘，不時攪拌避免焦底。

2 氣炸鍋專用點心模刷上少許油，雞蛋打入後撒上少許鹽巴和現磨黑胡椒，180℃烤 4 分鐘為半熟，烤六分鐘為全熟。（或是用煎鍋煎 2 顆荷包蛋備用）

3 將 2 片吐司抹適量白醬，一片放上火腿，另一片放上乳酪絲，以氣炸鍋以 180℃烤 5 分鐘。

4 將步驟 3 的吐司疊起，上方放上一粒荷包蛋組合起來即可。

西班牙烘蛋

這是一道西班牙國民料理，傳統西班牙烘蛋的
厚度一定要有 4 公分以上，用小鐵鍋慢煎出來
的，只是以煎鍋料理很難翻面，改用烤箱或氣
炸鍋更能輕鬆完成。

🍴 分量 2 人份

🥕 使用小鐵鍋（鍋內徑約 12.7 cm，外徑長約 17 cm，深度約 4 cm）
亦可以用煎炒鍋搭配烤盅取代。

🥕 馬鈴薯以小火油煮，不能讓表面上色，這樣的作法才是正宗，帶有淡淡橄欖油香是美味
關鍵！用來煮馬鈴薯的橄欖油，因為非高溫烹調，可保留用於炒菜或其他料理。

🥢 材料

橄欖油 ／適量
洋蔥碎 ／2 茶匙
馬鈴薯 ／1 ～ 2 顆（視大小而定）
雞蛋 ／2 顆
鹽、黑胡椒、紅椒粉 ／各少許

👐 步驟

1 大約半鍋的橄欖油，以中小火將洋蔥碎煮至透明，馬鈴薯下鍋煮 10 ～ 15 分鐘至熟後，取出瀝除多餘油脂。

2 將雞蛋和鹽、黑胡椒、紅椒粉一起混合打散成蛋液備用。

3 將蛋液及步驟 1 的馬鈴薯入同一鍋中，以氣炸鍋烤 10 分鐘左右至呈漂亮的金黃色澤即可。（亦可以已預熱的烤箱以 170℃的烤箱烤約 10 分鐘）

BLT 三明治

在歐美，培根 Bacon、生菜 Lettuce 和番茄 Tomato 是經典組合，所以有 BLT 三明治的簡稱。抹上美乃滋的吐司，煎烤焦香的培根，和爽脆多汁的生菜番茄，很快就可以準備好，如果坐在陽台食用，再來杯果汁，還能假裝野餐，稍稍舒緩緊繃的心情。

分量 1 人份

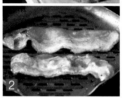

🍅 材料

　吐司 ／2 片
　培根 ／2 片
　番茄 ／約 1/2 顆
　生菜 ／ 適量
　美乃滋 ／ 適量

🥣 步驟

1　番茄切片備用。

2　將吐司和培根烤至喜歡的程度。（氣炸鍋
　　180℃烤 5 分鐘。）

3　吐司抹上美乃滋，依序放上生菜、番茄和培
　　根，再疊上一片吐司即可。

 TIPS

🥕 喜歡用麵包機自製吐司，添加燕麥、亞麻
籽、芝麻……各種健康食材，可以變化吐
司的風味又能輕鬆攝取不同的營養。烤好
的吐司切片分裝冷凍，或是中間隔烘焙紙
一起放入保鮮夾鏈袋中冷凍，食用時不用
退冰，將烘烤時間增加三分鐘左右即可。

法式培根雞蛋鹹派

傳統的法國洛林鹹派（Quiche Lorraine）只有派皮、鮮奶油、雞蛋和培根。
酥鬆的派皮，炒料和充滿蛋奶香的內餡，放涼吃依然美味，在草地上享受陽光、微風和自己做的法式鹹派吧！

分量 **2-4** 人份

TIPS

鹹派的食材可以依喜好變換：洋蔥、烤蔬菜，燙好的菠菜葉、蘆筍、熏鮭魚、奶油炒蘑菇、切達乳酪丁、小番茄、百里香、羅勒……等，只要是你喜歡吃的都可以變著花樣做看看喔！

材料

派皮	餡料
無鹽奶油 ／60g	培根 ／70g
細砂糖 ／1/2 茶匙	洋蔥碎 ／70g
鹽巴 ／少許	雞蛋 ／2 顆
中筋麵粉 ／100g	蛋黃 ／2 顆
蛋黃 ／2 顆	鮮奶油 ／100ml
蛋白液 ／少許	鹽巴 ／1/4 茶匙
	現磨黑胡椒 ／少許
	現刨帕瑪善乳酪
	／約 1 茶匙

步驟

1　將派皮材料（蛋白液除外）放入食物處理機中攪打均勻後，取出壓揉成糰，太乾可加少許冰水幫助成糰。

2　檯面上灑少許麵粉防止沾黏，用擀麵棍將麵糰擀成半公分厚，直徑約 25 公分，用保鮮膜包好，放到冷凍庫休息 15 分鐘。

3　將培根、洋蔥以中小火炒約 5 分鐘至洋蔥軟化，熄火後放涼備用。

4　將雞蛋、蛋黃、鮮奶油、鹽巴、黑胡椒、帕瑪善乳酪拌勻成蛋奶糊，冷藏備用。

5　派皮自冰箱取出，放入烤模，用手指平均壓好，底部用叉子戳洞，在派皮上刷少許蛋白液，放進冷凍庫冰 15 分鐘。

6　派皮取出，先放入炒好的餡料，倒入蛋奶液，再放入已預熱的烤箱中以 170℃烤 10 分鐘至表面金黃，

7　表面蓋上鋁箔紙，再回烤烤 20 分鐘至熟透，取出待涼時脫模切塊。

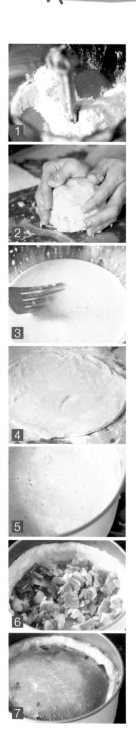

瑞可達乳酪煎餅

自己曾經做過甜口味的乳酪煎餅,搭配蜂蜜或果醬。後來看到傑米奧利佛(Jamie Oliver)的影片中,做成鹹口味並搭配炒菇蕈的組合也很棒!菇蕈可依各人喜好選用鴻禧菇、蠔菇(秀珍菇,又稱平菇、鮑魚菇或天喜菇)、蘑菇、香菇、波特菇(又稱龍葵菇)等等,各有不同風味。

分量 **2** 人份

材料

乳酪煎餅

瑞可達乳酪 ／ 300g

低筋麵粉 ／ 1 茶匙

雞蛋 ／ 1 顆

帕馬善乳酪 ／ 約 1 茶匙

肉豆蔻 ／ 少許

調味配料

奶油 ／ 約 1 茶匙

大蒜 ／ 1 瓣去皮切碎

辣椒 ／ 1/2 根去籽切絲

菇蕈 ／ 200g

鹽和黑胡椒 ／ 適量

乾燥百里香 ／ 少許（新鮮亦可）

新鮮羅勒（Basil）／ 少許

步驟

1 將乳酪煎餅的材料混合均勻，在平底煎鍋抹上少許奶油，中小火熱鍋後，將乳酪麵糊下鍋煎至兩面金黃。

2 中小火另熱一炒鍋，將奶油、大蒜、辣椒、菇蕈和百里香下鍋，撒少許的鹽和黑胡椒調味，炒至香氣釋出且菇蕈類熟透。

3 將乳酪煎餅疊在盤中，旁邊放上炒菇蕈，最後綴上新鮮羅勒即可。

TIPS 想做甜口味的乳酪煎餅也很容易，材料：瑞可達乳酪 300g、低筋麵粉 1 茶匙、雞蛋 1 顆、砂糖 2 茶匙，統統拌勻下鍋煎至兩面金黃即可。

瑞可達乳酪

自製瑞可達乳酪做法超簡單，不用再去貴婦超市尋尋覓覓。檸檬汁可用白酒醋和蘋果醋取代，乳酪中的酸香風味會些許不同。用來取代奶油乳酪（Cream Cheese）做為抹醬，可降低不少熱量。

🍴 分量 **2** 人份

🥗 材料

鮮奶 ／ 500ml
鮮奶油 ／ 200ml
檸檬汁 ／ 2 茶匙（或白酒醋 1 茶匙）
鹽 ／ 1/4 茶匙

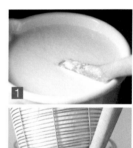

🥄 步驟

1　將所有材料倒入鍋中，不用攪拌，中火加熱至快微微沸騰時即熄火靜置半小時。

2　大碗上放個棉布篩子，慢慢倒入步驟 1，利用棉布過濾掉大部分的乳清液體（乳清可以留來做麵包）。

3　冷藏隔夜後，即可從棉布袋取出，放在殺菌過的乾燥玻璃容器中冷藏保存一至二週。

TIPS　棉布袋可以在中藥行買藥材袋或滷包袋，網路及生活五金行也可以買到，用豆漿過濾袋亦可。

莎莎醬牛肉漢堡

週末就優閒的在家下廚吧！讓漢堡排在煎烤盤上吱吱作響並傳出陣陣香氣，空氣中還飄散著檸檬與酪梨的清香，這樣的料理過程好療癒呀～主角是漢堡麵包和牛肉漢堡排，搭配充滿南美風情的酪梨莎莎醬和墨西哥辣椒，讓風味清爽酸辣開胃，你也可以發揮創意或是參考人氣餐廳的菜單做組合變化。

分量 **2** 人份

材料

漢堡麵包 ／1 個
牛肉漢堡排 ／1 個
起司片 ／1 片
生菜 ／3 片
酪梨莎莎醬 ／2 茶匙
墨西哥辣椒 ／2 片

步驟

1 將冷凍牛肉漢堡排用氣炸鍋 180℃烤 15 分鐘。

2 冷凍漢堡麵包用氣炸鍋 150℃烤 10 分鐘。

3 漢堡底部依序放上起司片、生菜、漢堡排、酪梨莎莎醬、墨西哥辣椒、漢堡麵包即可。

TIPS 這個漢堡食譜搭配了生菜、酪梨莎莎醬、起司片、墨西哥辣椒，你也可以依喜好選擇配料：荷包蛋、小黃瓜、酸黃瓜、培根、洋蔥、芝麻葉……。

漢堡麵包

漢堡麵包也可以自己做，或是偷懶的用吐司代替。

材料

高筋麵粉 ／300g
鮮奶 ／220g
細砂糖 ／40g
鹽 ／3g
速發乾酵母 ／1 茶匙
無鹽奶油 ／15g
白芝麻 ／適量

步驟

1 將高筋麵粉、鮮奶、糖和鹽放入麵包機，啟動生麵糰功能，攪拌約 15 分鐘後加入酵母和無鹽奶油，等攪拌和發酵程序跑完約 90 小時。

2 煎烤盤鋪上烘焙紙和刷上油備用。將麵糰取出，分切成 6 ～ 8 等份（依個人喜愛的漢堡大小），捏揉成圓形，表面沾點水再沾芝麻，沾有芝麻那面朝上，放在煎烤盤上，蓋上保鮮膜再靜置半小時。

3 氣炸鍋預熱至 170℃，漢堡麵糰以 170℃烤 10 ～ 15 分鐘。

4 待漢堡放涼後，可先平剖切好放入夾鏈保鮮袋中，冷凍保存。要吃的時候無需解凍，用 150℃烤 10 分鐘即可。

牛肉漢堡排 🍴 分量 **8—10** 個

牛肉漢堡排則可以多做幾個冷凍起來,想吃的時候烤個 10
分鐘就金黃焦香。

🥬 材料

牛絞肉 ╱ 300g	梅林辣醬油 ╱ 1/2 大匙
豬絞肉 ╱ 600g	鹽 ╱ 1/2 茶匙
洋蔥碎 ╱ 200g	黑胡椒 ╱ 約 1/4 茶匙
去邊吐司 ╱ 1 片	豆蔻粉 ╱ 少許
鮮奶 ╱ 50ml	

🥣 步驟

1 中火將洋蔥碎炒乾水分,放涼備用。

2 吐司泡在鮮奶中備用。

3 準備一個金屬盤,鋪上保鮮膜備用。

4 所有材料在攪拌盆中拌勻揉捏出黏性,分
成 8 ～ 10 份,在雙手間拋打出空氣,做成
圓餅狀。

5 將漢堡肉排放在金屬盤上,輕輕用掌心壓
扁至一公分厚,再蓋上一層保鮮膜,冷凍
隔夜,裝到夾鏈保鮮袋中冷凍保存。

6 不冷凍直接料理的漢堡排,用氣炸鍋 180℃
烤 8 分鐘左右。(冷凍漢堡排無需退冰,
氣炸鍋 180℃烤 15 分鐘左右即可。)

TIPS

 沒有氣炸鍋的朋友,也可以直接放在已熱
好油的煎鍋中,將二面煎定型後,加入一
點水、上蓋以小火煎約 4 ～ 5 分鐘至熟即
可。

番茄酪梨莎莎醬

酪梨有營養之王的水果美名，平常我會直接將酪梨淋上檸檬汁，撒少許鹽巴，搭配金黃香脆的吐司，做為元氣滿滿的早餐。加了番茄丁和香菜末這充滿南美風情的莎莎醬，更是我最愛的酪梨料理。

🍴 分量 2 人份

酪梨熟度的判別：
酪梨買回家先別冰，放到冷藏就不會熟成了，有些酪梨會由綠轉黑，轉為深紫色就是熟透了。若是不會變色的品種，則觀察其皮孔變粗，光澤度降低，輕捏有柔軟彈性的感覺，熟了以後可以冷藏保存約一週。
萬一切開才發現酪梨未熟，嘗起來有苦味，可去皮切塊放入鍋中，加入稍微淹過酪梨的水量，中小火煮5分鐘後靜置放涼，就能去除苦味。

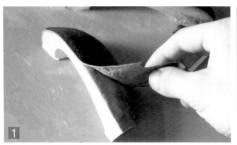

材料

酪梨 ／ 1 顆
番茄 ／ 2 顆（大概與酪梨等量）
香菜 ／ 1 小把
檸檬汁 ／ 1/2 顆
鹽巴 ／ 適量

步驟

1 將酪梨縱切成四等份去籽，像剝柳丁那樣去皮，切丁。

2 番茄縱切四等份，用小刀去蒂籽，切丁。

3 香菜切末，和番茄、酪梨、檸檬汁一同拌勻，以鹽調味拌勻即可。

義式臘腸薄餅披薩

從披薩麵糰開始做起，就算只是把所有材料投入
麵包機中，仍有無比的成就感。
主料義式臘腸（salami 或譯薩拉米）是歐洲常見
的香腸，無需加熱即可食用。切薄片搭配各式乳
酪切片，再佐以紅酒，做為前菜或宴客小點，各
層次的風味互相襯托，很是享受。拿來做成披薩
好吃又帶來歡樂氣氛，特別適合與親友分享～

🍴 直徑 20 公分 **2** 個

 義式臘腸（salami 或譯薩拉米）可以在進口食材超市或是熟肉鋪購得，網路商城可以
宅配到府。

材料

薄餅麵糰
高筋麵粉 ／150g
細砂糖 ／1 茶匙
鹽巴 ／1/2 茶匙
水 ／75ml
橄欖油 ／2 茶匙
乾酵母 ／1 茶匙

番茄醬汁
蒜碎 ／1/2 茶匙
番茄糊 ／80g

乾燥羅勒 ／1/4 茶匙
高湯 ／120ml
細砂糖 ／1/2 茶匙
鹽巴和黑胡椒 ／適量

配料
莫札瑞拉乳酪 ／200g
義式臘腸 ／6～8 片
綠色糯米椒 ／1～2 根
乾辣椒碎 ／1 茶匙（可略）

步驟

1 除了乾酵母外，將薄餅麵糰的材料放入麵包機中，選擇功能十或是攪拌發酵的功能，攪拌均勻後再加入乾酵母。放置約一小時，可以看到麵糰變得光滑有彈性。

2 等披薩麵糰的同時來熬煮醬汁，將番茄醬汁所有材料入鍋，煮滾後轉小火熬煮至濃稠，約 15 分鐘。

3 將麵糰分成兩份，其中一份包保鮮膜後，放冰箱備用。

4 另一份麵糰放在和煎烤盤一樣大小的烘焙紙上，擀成三公釐厚，蓋上保鮮膜靜置 15 分鐘，即為派皮。

5 氣炸鍋連同煎烤盤一起預熱至 200℃。

6 用叉子在餅皮上戳洞，一半分量的番茄醬汁均勻塗抹在餅皮上，均勻的撒上餡料，輕壓讓餡料貼合。

7 將披薩連同烘焙紙一起將放在煎烤盤上，以 200℃烤 5 分鐘即可。（另一份麵糰取出稍微回溫後，以相同步驟再做一個披薩。）

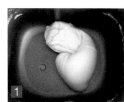

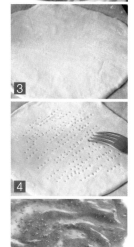
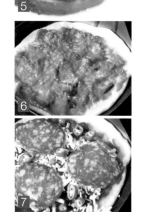

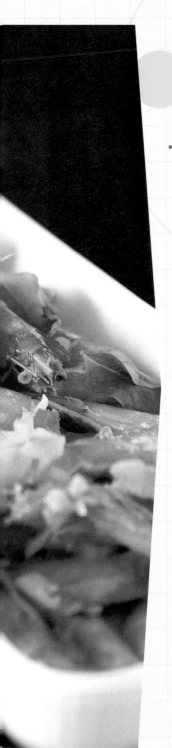

Chapter 2

調製浪漫的小情調

週末的下午，特別有心情多花點
時間做些特別的美味！
擺上漂亮的桌布，用上好的餐盤，
給自己和愛人浪漫的寵愛～

浪漫排餐

假日稍微有點奢侈的準備排餐，當然，優雅的準備是一定要
的，所以作法以簡單好上手為原則。完整的排餐有著分量小
的主餐，如香料雞腿排，胃口大的還能搭配家常主食，如例
如香煎干貝佐白酒沙巴雍（Sabayon）搭配蒜辣鯷魚義大利
麵。再來配菜、湯品，通常會先做湯，熬湯的時間準備好配
菜及主的食材，新手可以連調味料拿出來放在流理台上準備
好，接著依照料理時間來進行配菜及主餐的烹調。

湯品開胃菜

配菜可以讓餐桌更豐富，有在烤箱完成的焗烤培根茄子，也
有能事先做好冷藏的備用菜，如白酒醋西洋芹、薄荷檸檬櫛
瓜，還有湯品煮好留在鍋中保溫。運用不同料理手法，讓料
理過程更從容，多道料理同時上桌也能是最美味的狀態。

幸福甜點

我從來不是烘焙達人，書中的烘焙食譜都是成功率高的簡單
甜點。

做甜點和吃甜食一樣療癒，專注於食材分量、攪拌過程，短
暫的忘卻生活壓力，當奶油的香氣瀰漫在空氣中，嘴角忍不
住上揚的小確幸，就覺得，有時就是需要把時間揮霍在這樣
的美好事物上。大多甜點都可以在前一天先準備好，有些常
溫，有些是冷藏或冷凍，就能輕鬆為餐肴畫上完美句點。

義大利香料雞腿排

新手入門款的簡單菜色！用義大利綜合香料調
味，烤至表皮酥脆，而肉質鮮嫩多汁，是新手
決勝料理。

🍴 分量 **2** 人份

雞腿排烤好再烤香草金黃馬鈴薯,搭配組合就是美味排餐。金黃馬鈴作法很簡單,準備:馬鈴薯兩顆、橄欖油兩大匙、鹽巴半茶匙、黑胡椒適量。

作法:將馬鈴薯切成楔形條狀,和調味料、橄欖油一起放進塑膠袋拌勻,再以170 度烤 20 分鐘至表面金黃焦香。

材料

去骨雞腿排 ／2 片
義大利綜合香料 ／1 茶匙
鹽巴 ／1/2 茶匙

步驟

1 雞腿排肉面以刀尖逆紋畫幾刀斷筋。

2 在步驟 1 的雞腿排上塗抹均勻鹽巴,再撒上義大利綜合香料。

3 放入氣炸鍋或已預熱的烤箱中,以 180℃烤半小時,用細叉刺後流出透明的湯汁就是熟透了。

　　註:氣炸鍋搭配使用煎烤盤及雙層烤架,15 分鐘時取出對換上下位置。

TIPS

 雞腿排斷筋防止烹煮時筋收縮,導致肉排縮小而厚度變高。

自製新鮮義大利綜合香料:迷迭香葉、洋香菜葉 2 大匙;洋蔥碎 1 大匙,加上大蒜碎、黑胡椒、紅胡椒各少許,全部放入食物調理機打碎即可。

鮭魚佐酸豆檸檬奶油醬汁

鮭魚油脂豐厚，搭配酸香的醬汁較為解膩，檸檬汁和酸豆的風味，可以將鮭魚鮮甜的滋味帶出來。

🍴 分量 **2** 人份

 酸豆原產於地中海，看起來像一粒粒綠色的小豆子，其實是刺山柑的花苞，清爽的香氣與酸味，最常與煙熏鮭魚或海鮮搭配。

🍅 材料

鮭魚排 ／1 塊（約 200g）
白酒 ／2 大匙
鹽巴 ／適量
白胡椒 ／適量
蘆筍 ／3 根

奶油 ／10g
酸豆（Capers）／1 茶匙
檸檬汁 ／1 大匙
檸檬片 ／1 片
平葉巴西利（Parsley）／少許

🥣 步驟

1　鮭魚排以廚房紙巾吸乾水分；蘆筍削去粗硬老皮，切長段狀，備用。

2　依序將蘆筍和鮭魚排放到烤盤中，淋上白酒，均勻撒上鹽巴、白胡椒，奶油切小塊均勻放置其上。

3　送入氣炸鍋或已預熱的烤箱，以 180℃烤 10 ～ 15 分鐘至熟即可取出，盛盤。

4　將盤檸檬汁、酸豆和洋香菜加入烤盤中，混合成醬汁，試吃後再視喜好以鹽和白胡椒調味。（檸檬汁的量可以慢慢加入，依喜好調整酸度。）

5　將醬汁淋在鮭魚排上，再以檸檬片點綴裝飾。

薄荷香酥花枝

將麵包屑烤得香酥酥的，裹在 Q 彈鮮甜的花枝上，清涼爽口的薄荷香氣，讓人忍不住一口接一口。

分量 **2** 人份

材料

花枝 ／約 200g
去邊吐司 ／1 片
新鮮薄荷 ／1 小把
辣椒 ／1 根去籽（可略）
鹽 ／適量
白胡椒 ／適量
檸檬 ／1 瓣

步驟

1 吐司烤至金黃，用氣炸鍋 180℃烤約 3 分鐘。

2 將花枝表面細細的以刀尖劃刀痕（不切斷），再輪切和切片。

3 在花枝表面撒上約 1/4 茶匙的鹽和少許白胡椒，用氣炸鍋 180℃烤約 5 分鐘。

4 將吐司、薄荷、辣椒和少許的鹽放入食物處理機中打碎即為香酥麵包粉。

5 將步驟 3 的花枝盛盤，撒上香酥麵包粉，並綴以新鮮薄荷葉，附上檸檬即可。

TIPS

在選購生鮮花枝時，顏色需要偏白而非偏黃，摸起來有彈性，聞起來腥味不重。如果非當天要烹煮，亦可選購冷凍花枝，冷凍花枝通常會浸泡在水中一起冷凍。
冷凍花枝在烹飪前一天，放置於冷藏室低溫退冰。

煎烤沙朗牛排佐酒醋番茄

很喜歡餐廳裡帶有煎烤紋的牛排，就買了一只琺瑯鑄鐵煎烤盤，燒熱後給牛排烙上紋路，看起來就很專業的樣子！撒點鹽和黑胡椒，先煎後烤是牛排的經典做法，將牛排送進烤箱時還有閒暇能準備配菜，酒醋番茄的獨特酸香則更能襯托牛排的鮮美。

分量 2 人份

材料

沙朗牛排 ／200g（2 片）
牛番茄 ／1 顆
鹽 ／適量
巴薩米克酒醋（Balsamic Vinegar）／約 1 大匙
新鮮羅勒 ／少許

步驟

1 沙朗牛排兩面均勻撒上 1/4 茶匙的鹽巴。

2 氣炸鍋預熱至 180℃。

3 煎烤鍋大火燒熱，刷上薄薄一層油，將用用廚房紙巾輕輕壓乾的牛排，下鍋煎 1 分鐘後翻面再煎 1 分鐘。

4 將牛排送到氣炸鍋中烤 3 ～ 5 分鐘。

5 牛番茄逆紋對切，撒上少許鹽和巴薩米克酒醋，切面朝下放到剛才煎牛排的鍋中，煎 1 分鐘後盛盤，再淋上少許醋和橄欖油，並綴以新鮮羅勒。

6 牛排也盛盤，附上海鹽及現磨黑胡椒（或香料鹽）即可。

TIPS

若是當天要料理，隨意購買冷藏牛排是 OK 的。但我習慣到專門販售牛肉的超市，買冷凍真空分裝好的牛排，前一晚先放到冷藏室慢慢解凍，用金屬盤盛裝可以加速在冷藏室解凍的時間。烹調前要在室溫退冰，使解凍板的話要半小時（中間要翻面），沒有解凍板的話將牛肉放在金屬盤或鍋子也可以加速退冰。

清蒸魚排佐白酒奶油醬汁

法式料理中的精髓就在於醬汁，這款法式醬汁適合魚排甚至水煮龍蝦。為了讓成品更美觀，以黃甜椒、番茄和羅勒配色點綴，稍稍費工點，用蒸煮的蔬菜絲，如紅蘿蔔、櫛瓜、茭白筍、蘆筍等，好吃又好看，色香味俱全。

🍴分量 **2** 人份

材料

魚排 ／400g(約2片)	麵粉 ／1茶匙
魚皮或魚骨 ／適量	鹽 ／適量
洋蔥碎 ／100g	白胡椒 ／適量
（約1/2顆）	黃甜椒碎 ／50g
白酒 ／200ml	番茄碎 ／50g
奶油 ／1茶匙	新鮮羅勒 ／少許

步驟

1 熱鍋和1茶匙奶油，將洋蔥碎炒至透明軟化，加入魚皮、魚骨和白酒煮滾後，轉小火熬煮半小時，可用網篩過濾出醬汁備用。

2 奶油和麵粉下鍋，以中小火拌炒均勻，加入步驟1的醬汁中再以打蛋器拌勻，以鹽調味。

3 魚排淋上1茶匙的白酒，撒上鹽和白胡椒備用。

4 蒸鍋以中火預熱至有蒸氣，魚排底下墊烘焙紙，放入蒸鍋，蒸約8分鐘至熟。（萬用鍋：鍋內鋪烘焙紙，以無水烹調模式的香酥蝦功能，煮8分鐘。）

5 將步驟4的魚排盛盤，淋上步驟2的醬汁，最後以甜椒碎、番茄碎和羅勒裝飾即可。

TIPS
魚排的部分可依各人口味選用肉多刺少的魚類，例如肉質細緻紮實的魴魚、肥美豐腴的鮭魚、細滑軟嫩的圓鱈、細緻甘甜的鱸魚、口感類似鱈魚的鯰魚、富含膠質的龍膽石斑、紮實有彈性的旗魚。

白酒煨海鮮

週末帶著冰塊和雙層保冷袋，和男人驅車到海邊吹風漫步，牽手逛魚市，挑選最新鮮的食材，問問魚販哪些魚適合清蒸或煮湯，挑了可用白酒煨煮的海鮮。回家搬出最大只的鍋子，豪邁的把各種海產下鍋，做出連鍋底湯汁都充滿海洋風味的料理，很療癒平日繁忙的生活。

分量 **2** 人份

TIPS

可搭配法國麵包沾取湯汁一起享用。
如果還剩很多湯汁，可挑除魚刺後，留來拌義大利麵也很好吃，可別倒掉囉！

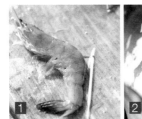
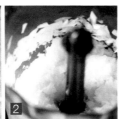

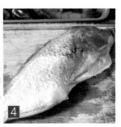

材料

鮮蝦 ／ 4 ～ 6 隻	鹽和白胡椒 ／ 適量
蛤蜊 ／ 150g	新鮮羅勒 ／ 1 小把
鮮魚 ／ 1 尾（約 200g）	洋香菜 ／ 1 小把
洋蔥碎 ／ 150g（約 1/2 顆）	檸檬 ／ 1/2 顆
小番茄 ／（約 1 小碗）	初榨橄欖油 ／ 1 大匙
白酒 ／ 200ml	

步驟

1　將鮮蝦鬚和尖刺的剪掉，牙籤戳進關節處後往外拉出泥腸。

2　蛤蜊泡鹽水兩鐘頭吐沙，鹽水比例約 500ml 水：0.5 大匙的鹽。

3　鮮魚抹上 1/4 茶匙的鹽巴備用。

4　以中火熱鍋，將洋蔥碎、小番茄下鍋拌炒至洋蔥透明軟化（約 3 分鐘）。

5　將洋蔥碎、番茄稍微撥至鍋邊，將鮮魚放在鍋中，倒入白酒轉中大火煮至滾沸。

6　將蛤蜊和鮮蝦依序下鍋，煮至蛤蜊打開、鮮蝦轉紅，最後以鹽和白胡椒調味即可。

7　盛盤後，撒上新鮮羅勒、淋上檸檬汁和橄欖油即可。

紅酒燉牛尾

牛尾的鮮美膠質釋放在微酸番茄和香醇紅酒中，湯汁用來搭麵包或白飯都十分美味。因為一鍋燉煮的料理中，有菜有肉的豐富組合，可以事先準備好，也不用擔心烹煮過頭，作為新手宴客菜非常適合。

🍴 分量 2 人份

TIPS

🥕 牛尾是牛隻運動最頻繁的部位，脂肪少並富含膠質。牛尾可以在網路商城或是在市場的牛肉攤位購買，如果真的買不到牛尾，改用牛肋、牛腩或牛腱也很 OK。

🥕 若覺得油脂太多，放涼後冷藏隔夜，就可輕鬆將凝固的浮油撈除。

材料

牛尾 ／800g
洋蔥 ／1 顆 (約 350g)
紅蘿蔔 ／1/2 根 (約 150g)
西洋芹 ／2 根 (約 100g)
番茄糊 ／50g

紅酒 ／200ml
牛高湯 ／600ml
月桂葉 ／2 片
乾燥奧勒岡 ／1 茶匙
鹽和黑胡椒 ／適量

步驟

1 洋蔥、紅蘿蔔和去粗皮後的西芹全都切小塊，放入鍋中拌炒至香軟，約 3-5 分鐘，加入番茄糊拌炒均勻。

2 將牛尾放入氣炸鍋，以 180℃烤約 20 分鐘至表皮金黃焦香。

3 將牛尾加入步驟 1 的鍋中，再倒入紅酒和高湯，蓋上鍋蓋並將壓力栓塞密封，按下牛肉的烹調選項。

4 步驟完成後，開蓋，以鹽和黑胡椒調味即可。

蒜辣奶油蝦

替對方剝蝦並餵他吃，而另一半為妳吃別道菜，這樣甜蜜蜜的增溫情調。

有一說：男人吃蝦子，晚上會更激情嗎（羞），吸吮蝦頭內的美味菁華，還要用麵包沾盤內的香蒜奶油，搭配啤酒很是輕鬆愜意的約會。

🍴 分量 **2** 人份

 幫鮮蝦去腸泥可以讓口感更好，其實不難，用牙籤戳進蝦子的關節處，往上拉出泥腸（如步驟圖），失敗就換下一個關節試試看，多個步驟美味更好喔！

🍅 材料

鮮蝦 ／250g	九層塔 ／適量
奶油 ／2大匙	檸檬 ／1瓣
大蒜碎 ／2瓣	鹽 ／適量
辣椒碎 ／1根（去籽）	白胡椒 ／適量

🍲 步驟

1 將鮮蝦的鬚和前端尖刺剪掉，再去腸泥。

2 在煎炒鍋中放入奶油和蒜碎，用中小火爆香。

3 轉中火，蝦子下鍋翻炒至轉紅，加入鹽和辣椒翻炒調味即可盛盤，撒上九層塔，淋上檸檬汁即可。

蘋果酒燉豬排

用蘋果氣泡酒煨煮一下嫩煎豬排,清甜酸香的
醬汁與豬排香氣完美契合,搭配一杯添加薄荷
的蘋果氣泡酒,或是口感清淡的啤酒,都會是
很棒的享受～

🍴分量 **2** 人份

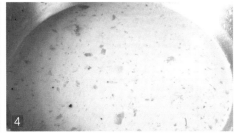

材料

A 里肌豬排 ∕ 約 400g
鹽巴、黑胡椒和匈牙利紅椒粉 ∕ 各少許
B 洋蔥碎 ∕ 50g
青蘋果 ∕ 1 顆
新鮮鼠尾草 ∕ 1 枝
或 乾燥的（sage）∕ 1/8 茶匙

新鮮奧勒岡 ∕ 1 枝
或 乾燥的（oregon）∕ 1/8 茶匙
蘋果氣泡酒（apple cider）∕ 100ml
蘋果醋或白酒醋 ∕ 1 大匙
鮮奶油 ∕ 2 大匙

步驟

1　青蘋果去皮核後切片。

2　將豬排用廚房紙巾擦乾後，兩面抹上鹽巴、黑胡椒和匈牙利紅椒粉。

3　將煎烤鍋燒熱後，抹上一層油，將豬排煎至兩面金黃焦香，注入蘋果氣泡酒，讓鍋底的美味菁華融於酒中。

4　另準備一只煎炒鍋，將洋蔥和蘋果下鍋翻炒至表面軟化，加入鼠尾草、奧勒岡及步驟 3 豬排和湯汁。

5　香草取出丟掉，將蘋果和豬排盛盤後，鍋中醬汁以鹽和黑胡椒調味，熄火並加入鮮奶油拌勻，淋在豬排上即可。

香煎干貝佐白酒沙巴雍

「沙巴雍」是一種以蛋黃為基底的醬料,加入白酒與檸檬汁以隔水加熱方式煮到濃稠,嫩煎干貝或魚排都很適合搭配。綴上辛嗆的芝麻葉,充滿驚喜的美味平衡,毫無違和感。

分量 2 人份

材料

干貝 ／ 1 顆
檸檬汁 ／ 1/2 茶匙
白酒 ／ 2 大匙
蛋黃 ／ 1 顆
芝麻葉 ／ 2 片

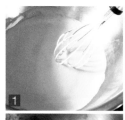

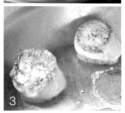

步驟

1 將檸檬汁、白酒、蛋黃放入攪拌盆中，以隔水加熱方式小小火煮，並不斷用攪拌器攪拌，加熱到醬汁濃稠即為沙巴雍醬汁。

2 熱一煎鍋，將干貝二面都煎至表面焦香。

3 取一平盤，先盛 1 大匙沙巴雍醬汁，放上香煎干貝，最後綴上芝麻葉即可。

TIPS

檸檬汁可以改用白酒醋，風味更香醇。
選用生食等級的干貝，只需要煎單面，會有兼具金黃焦脆和鮮嫩的口感。

焗烤培根茄子

義式的料理手法，經烘烤後釋放的培根油脂，
帶出了茄子的鮮甜，一卷卷的造型，作為開胃
前菜或是宴客小點都非常漂亮，用來搭配歐風
麵包作為輕食也相當契合。

🍴 分量 2 人份

TIPS
茄子卷放入烤盤後可以稍微撥散，讓醬汁更容易滲入其中。醬汁如果太多，用來沾麵包
或是拌義大利麵也很好吃，可以冷凍保存一個月左右。

🍅 材料

茄子 ／1 條	紅甜椒丁 ／1 顆
培根 ／3 條	高湯 ／200ml
鹽和黑胡椒 ／少許	鹽和黑胡椒 ／少許
乾燥羅勒 ／1/4 茶匙	披薩起司（mozzarella cheese）
洋蔥碎 ／100g	／1 小把（約 50g）

🥣 步驟

1 先做醬汁，熱鍋熱油，洋蔥碎、紅甜椒丁下鍋炒軟（約 3 分鐘），加入高湯、羅勒、鹽和黑胡椒，中火煮滾後轉小火煮 10 分鐘，放以調理機中打成糊狀備用。

2 把茄子切成長薄片，最外側的皮用刨刀削去，每片都只保留外側一圈皮，以 180℃烤 5 分鐘。

3 培根切成約兩公分寬的長條狀，放上茄子，撒上少許的起司後捲起。

4 將做好的茄子卷一一排在烤盤上，淋上步驟 1 的醬汁，以 180℃烤 10 分鐘，取出再撒上一層起司，放回烤箱以 180℃回烤 5 分鐘即可。

檸檬薄荷櫛瓜

歐美常見的櫛瓜,高纖又富含維他命C,在台灣推廣種植後也能便宜買到了,這道料理是夏季發想的爽口開胃菜,微酸清新的風味,其實櫛瓜用來煎炒、焗烤、燉菜或煮咖哩都很美味。

🍴 分量 2 人份

 🥕 辣椒加少許就好囉~如果不夠再慢慢加,才不會太辣。

🍅 材料

櫛瓜 ／1 根
新鮮薄荷葉 ／1 小把
新鮮羅勒葉 ／1 小把
辣椒碎（去籽）／少許

初榨橄欖油 ／約 2 大匙
檸檬汁 ／約 1 大匙

＊以上分量可依喜好調整

🥣 步驟

1 櫛瓜縱向對切後，切薄片，平均鋪在煎烤盤上，均勻的淋上橄欖油，撒上鹽和現磨黑胡椒。

2 放入氣炸鍋或烤箱以 180℃烤 4 分鐘。（或是用炒的也可以。）

3 將薄荷、羅勒和辣椒切碎。

4 櫛瓜盛盤後，淋上檸檬汁，撒上薄荷、羅勒和辣椒即可。

白酒醋西洋芹

料理有時用到少量的西洋芹,剩下的就可以用來做這道冰箱常備菜,堅果或胡蘿蔔絲都是它的好搭擋,清香帶酸,作為前菜十分開胃,作為配菜則非常解膩爽口。

🍴 分量 **2** 人份

🥗 材料

西洋芹 ／約 4 根
紅蘿蔔 ／約半根
白酒醋 ／2 大匙
橄欖油 ／6 大匙
鹽巴 ／適量

🥣 步驟

1 將西洋芹的粗纖維削去,斜切段;紅蘿蔔去皮刨絲。

2 將食材與白酒醋、橄欖油和鹽巴混和均勻,冷藏兩小時入味,享用前撒上切碎烤香的堅果,增加風味層次和口感。

TIPS 拌勻的過程,可以直接在保鮮盒或塑膠袋中攪拌更均勻,而且不沾手。此道料理可以冷藏保存 2 ～ 3 天。

這樣做，更好吃！
蔬菜前處理

🍲 西洋芹去老皮

將西洋蔥反折帶葉的的上半部，就能輕鬆撕去粗纖維，這樣料理起來口感較優。

🍲 洋蔥碎處理法

1. 料理常用到的洋蔥碎，對新手來說，會覺得是很難的刀工技巧，切大塊後用食物處理機做切碎就非常方便。

2. 沒用完的洋蔥碎可以裝入密封袋中，平均壓薄後，用筷子或刮刀分成數等份。
冷凍約保存一個月，要用時直接取出下鍋即可。冷凍過的洋蔥碎，比較會出水，很容易炒至軟化，非常好用。

🍲 甜椒的切法

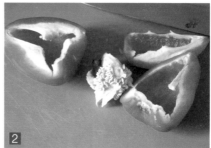

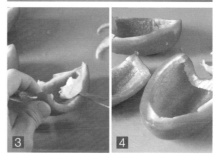

順著凹痕切開，剝開後就可以輕易去除籽。
用小刀將白色的膜去除即可。

鼠尾草松子南瓜

在花市可以買到可愛的香草盆栽，鼠尾草圓潤的葉子，帶有細白的絨毛，的確像小動物的尾巴呢！義大利人會將鼠尾草與奶油煎出香氣，以麵包沾取這樣的香草奶油。鼠尾草和南瓜也是經典的組合，再點綴上營養豐富的松子。

🍴分量 2 人份

🍅 材料

南瓜 ∕ 300g
奶油 ∕ 30g
新鮮鼠尾草 ∕ 1 枝
或 乾燥的 ∕ 1/2 茶匙
松子 ∕ 15g

👐 步驟

1 將南瓜去皮、籽,切塊;新鮮鼠尾草將葉子摘下來。

2 奶油隔水加熱融化,稍微放涼後和南瓜放入塑膠袋中,

3 撒上鹽巴和鼠尾草,搓揉拌勻。

4 均勻鋪在烤盤上,放入已預熱的烤箱中以 180℃烤 10 分鐘或至熟透。

5 取出烤盤,撒上松子後再回烤 3 分鐘,最後點綴少許新鮮鼠尾草葉即可。

酥裹白花椰沙拉

金黃焦香的烤吐司，和香草一起打碎成麵包粉，和水煮蛋丁一起拌裹在清甜的白花椰菜上。多層次的口感及香氣，溫和微甜非常討喜，適合作為前菜沙拉享用。

分量 **4-6** 人份

材料

白花椰菜 ／ 1 棵
水煮蛋／ 2 顆
吐司 ／ 1 片
洋香菜碎 ／ 4 大匙
美乃滋 ／ 約 4 大匙
鹽和黑胡椒 ／ 適量

步驟

1 水煮蛋切丁。

2 白花椰切小朵洗淨，煮一鍋滾水，加半茶匙的鹽，將白花椰菜下鍋汆燙 2 分鐘，瀝乾備用。

3 吐司用氣炸鍋烤至焦香，約 3 分鐘，再將吐司、洋香菜碎、少許的鹽，一起放入切碎機中打碎。

4 白花椰放入攪拌盆中，擠上美乃滋，和切丁的水煮蛋拌勻。

5 撒上一半的香酥麵包粉拌勻，試吃調味後盛盤，撒上另一半分量的麵包粉可。

西西里燉蔬菜

傳統的西西里燉菜（caponata）以茄子為主
角，搭配番茄、酸豆和橄欖，通常是放涼之後
才吃，作為冰箱常備菜也很棒。有時候配著麵
包，就是簡單的輕食午餐。

🍴 分量 **2** 人份

茄子會變黑是因為在加熱中氧化，用薄油包覆烹煮過仍能保持漂亮的紫色，卻不用像傳
統油炸方法，攝取過多油量並有令人頭痛的廢油。

平葉巴西里可用羅勒代替。

松子可省略，或是用其他堅果，甚至是葡萄乾代替都可以。

🍅 材料

洋蔥末 ／1/2 顆
西芹 ／2 根
番茄 ／1 顆
巴薩米克醋（balsamic vinegar）／50ml
細砂糖 ／1 大匙
茄子 ／1 條

酸豆 ／1 大匙
綠橄欖 ／10 顆
松子 ／2 大匙
鹽巴 ／適量
平葉巴西里末（parsley）／少許

🥣 步驟

1 西芹去除粗纖維後切小丁；番茄去皮籽切丁；綠橄欖切片；茄子切丁。

2 將松子以 180℃烤 3 分鐘（使用氣炸鍋的話不用預熱）至表面呈現淡金黃色。

3 熱鍋和少許油，洋蔥末下鍋，中火炒兩分鐘。西芹丁下鍋，再炒兩分鐘。番茄下鍋，轉中小火煮五分鐘。

4 茄子丁放入塑膠袋，加入約 2 大匙的油，混合均勻。放到氣炸鍋中，以 180℃烤 5 分鐘。

5 加入巴薩米克醋和砂糖，煮兩分鐘後熄火。

6 將茄子、酸豆、橄欖和松子全放入步驟 5 的鍋中拌炒均勻，以鹽調味後加入巴西里葉即可。

法式洋蔥湯

辛辣嗆味的洋蔥，以慢火炒至焦糖化，像魔法般的變成濃醇清甜，在溫暖的爐前慢炒，心情慢慢沉澱，想著很多事都像洋蔥一樣，能在熱情的溫度慢慢炙燒下，最後甜蜜回報。

🍴分量 **2** 人份

🥕 洋蔥可與黃洋蔥或白洋蔥都 OK。

🥕 因為高湯 3L（牛高湯、雞高湯或各半）十分費時，即便家中食客不多，建議一次煮多的量，分裝冷凍慢慢享用。

材料

洋蔥 / 5 顆	百里香 / 3 枝
麵粉 / 2 大匙	或 乾燥的少許
紅酒 / 100ml	鹽巴 / 適量
高湯 / 3L	麵包片 / 適量
月桂葉 / 1 片	乳酪片 / 適量

步驟

1 洋蔥逆紋切絲。

2 鍋內放 1 茶匙油，以中火加熱，將洋蔥絲下鍋炒至轉為黃褐色，轉小火炒至棕色，
這個步驟大約需要半小時。（比較辛苦，但讓洋蔥炒至焦糖化是此食譜的重點，會
帶出迷人的洋蔥甜味。）

3 當洋蔥焦化後，加入麵粉拌炒均勻，再加入紅酒煮至沸騰。

4 加入高湯、月桂葉和百里香，以中大火煮滾後，轉最小火，加蓋熬煮 1 小時，最
後以鹽巴調味。

5 麵包上放乳酪片，用氣炸鍋或烤箱，180℃烤 3 分鐘，或至麵包微焦。

6 將洋蔥湯盛入碗中，搭配烤好的麵包乳酪一同享用。

南瓜濃湯

南瓜煮熟後那柔軟香甜的豐富風味，與高湯熬煮成濃郁的濃湯，用來搭配麵包，或是作為義大利麵醬也很美味！這個食譜以蔬食材料為主，也可將蔬菜高湯以雞高湯或豬高湯替換，再添加煎香的培根碎或山羊乳酪會更好吃。

🍴 分量 2 人份

南瓜籽也很有營養，是慢慢吃不會胖的健康小零食。做法很簡單，南瓜籽將囊的部分清除洗淨，放入塑膠袋，加 2 大匙橄欖油及少許鹽巴、匈牙利紅椒粉或喜歡的香料，以 180℃ 烤 10 分鐘至金黃上色即可。

材料

南瓜中型的／1顆（約1公斤）
洋蔥／1顆
大蒜／1瓣
紅蘿蔔／1根

茴香籽／少許
高湯／2L
鹽巴／適量
鮮奶或鮮奶油／適量

步驟

1 鍋內刷上少許油，將洋蔥和紅蘿蔔下鍋拌炒至洋蔥軟化，約3分鐘。

2 南瓜去籽後切塊。（整顆南瓜蒸3分鐘後再切，會變得非常好切。）

3 南瓜和茴香籽下鍋拌炒均勻後，加入高湯，煮滾後轉小火慢燉1小時。

4 用食物攪拌棒將湯打成泥狀，以鹽巴調味即可。

蛤蜊巧達湯

巧達濃湯（Chowder）是一種美國式濃湯，主要是利用海鮮或蔬菜，加上鮮奶或奶油作一起燉煮成的濃湯。這裡則是充滿蛤蜊的鮮美，再利用馬鈴薯澱粉的濃郁增稠，是令人回味的幸福滋味。

🍴 分量 2 人份

🥗 材料

蛤蜊／約300g	鮮奶／200ml
洋蔥碎／100g	鹽／適量
馬鈴薯／300g	現磨黑胡椒／適量
清水／400ml	新鮮平葉巴西利（parsley）／少許

🥄 步驟

1　蛤蜊吐沙後洗淨；馬鈴薯削皮切一口大小，備用。

2　中火熱鍋熱油後，洋蔥下鍋拌炒至透明軟化，約3～5分鐘。

3　湯鍋中煮滾500ml的水，將蛤蜊下鍋煮至開口，撈起蛤蜊，僅取蛤蜊的肉，殼丟掉，備用。

4　馬鈴薯和煮蛤蜊的湯下鍋，中大火煮滾後，轉小火煮15分鐘。

5　取出1/3分量的馬鈴薯用湯匙壓泥，加入鮮奶拌勻，倒回湯鍋中拌勻，再以鹽和黑胡椒調味，熄火後加入蛤蜊肉。

6　呈入碗中，綴以少許的巴西里碎末。

蔓越莓司康

司康（scone）是一種傳統的英式茶點，外殼微酥、內部濕潤鬆軟，原味搭配果醬及德文郡奶油，是最經典的吃法。直接將蔓越莓或各式果乾加入麵糰中，配茶或咖啡相當美好。

🍴 分量 **2 人份**

重點在於讓麵糰組織中的奶油保持冰冷的狀態，而麵糰不要過度攪打，以免產生筋性，才能有鬆軟濕潤又酥的口感。

搭配的莓果可使用蔓越莓乾、葡萄乾、小藍莓乾，可任意組合搭配或只使用單一果乾。

材料

低筋麵粉 ／ 100g
泡打粉 ／ 1 茶匙（3g）
無鹽奶油 ／ 25g（冷藏）
鹽 ／ 1g
細砂糖 ／ 15g

雞蛋 ／ 1/2 顆
檸檬汁 ／ 1 茶匙
全脂鮮奶 ／ 50ml
綜合果乾 ／ 30g

步驟

1　鮮奶加入檸檬汁備用。

2　將低筋麵粉和泡打粉過篩後，和細砂糖、鹽、奶油放入食物攪拌機，快速攪打約
　　15 秒左右（看起來像砂礫的狀態）。

3　放入攪拌盆中，加入鮮奶檸檬汁，用矽膠刮刀翻拌均勻。

4　檯面上鋪一層保鮮膜，將麵糰倒到保鮮膜上，包好冷藏半小時（或隔夜）。

5　氣炸鍋的煎烤盤上鋪烘焙紙備用。

6　乾淨的檯面上撒些乾粉，放上麵糰，表面再撒上一些麵粉防止沾手，將麵糰稍微整
　　圓拍平，擀平、折三折，再擀平，重覆 2 ～ 3 次，最後擀成厚約 3 公分的麵糰，
　　用刮刀分成四等份。

7　氣炸鍋預熱至 180℃。

8　將分好的麵糰一一放在烤盤上，刷上薄薄一層蛋液，送入氣炸鍋烤 5 分鐘，表面
　　顏色金黃，烤盤取出後包上鋁箔紙，再繼續烤 10 分鐘即可。

藍莓優酪乳蛋糕

濕潤柔軟的口感，藍莓清新微甜的香氣，和紅茶拿鐵一同享用，噢～美好的下午茶組合。

🍴 直徑 17 公分的圓形烤模 1 個

 將新鮮藍莓冷凍至少一晚，毋需退冰直接使用，如此可避免與麵糊攪拌時碎裂。

蛋糕放涼後脫膜切片，冷藏 3 天或冷凍兩週內吃完。

  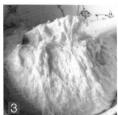 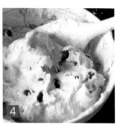

  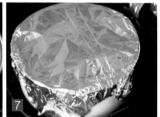

🍅 材料

低筋麵粉 ／ 250g	無鹽奶油 ／ 100g
細砂糖 ／ 100g	雞蛋 ／ 2 顆 打散成蛋液備用
鹽 ／ 1/4 茶匙	優酪乳 ／ 100ml
泡打粉 ／ 2 茶匙	冷凍藍莓 ／ 100g

🥄 步驟

1 將麵粉和泡打粉過篩，與細砂糖和鹽巴拌勻。

2 用電動攪拌器將奶油攪打至蓬鬆，分次加入蛋液和優酪乳攪打均勻即為蛋奶糊。
（如果一口氣加入蛋液或優酪乳，容易造成奶油結塊。）

3 將蛋奶糊倒入步驟 1 的麵粉中拌勻，再加入冷凍藍莓拌勻。

4 步驟 3 倒入烤模中，以氣炸鍋或預熱好的烤箱，170℃烤 15 ～ 20 分鐘，表面呈金
黃色後，上方包鋁箔紙，再回烤約 40 分鐘至熟透即可。（用氣炸鍋搭配煎烤盤很
方便拿取烤模）。

熱熔岩巧克力蛋糕

熱騰騰的巧克力蛋糕，輕挖一勺，那半熟的巧克力糊如熔岩一般的流出，甜甜的香香的，吃起來好幸福！簡單又快速的做法，也很適合和朋友一起在談笑中製作出來，再共同享用美好午餐食光。

分量 2 人份

材料

黑巧克力 ／70g
奶油 ／40g
雞蛋 ／1 顆
細砂糖 ／2 大匙
麵粉 ／1 大匙

步驟

1 巧克力和奶油一同隔水加熱攪拌至溶化。

2 和細砂糖用打蛋器充分打發，約 5 分鐘，入
巧克力糊和過篩的麵粉快速攪拌均勻。

3 將步驟 2 倒入烤模內約八分滿，放入已預熱
的烤箱中以 180℃烤 8 ～ 12 分鐘。
註：烤的時間短，口感就越濕軟，可依喜好
調整熟度。

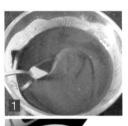

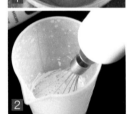

TIPS

🥕 做蛋糕並沒有想像中難，需要準備的器具
也不多，打蛋器、氣炸鍋或烤箱，如果是
氣炸鍋專用煎烤盤或專用小烤模兩個，如
果或烤箱，那麼烤盤或是 200ml 左右的馬
克杯一個，甚至用小的鑄鐵鍋都行喔！

🥕 可用牙籤插入蛋糕取出，便能觀察內部的
熟度。

玫瑰花蘋果塔

派對上如果切一盤蘋果,很少小孩會賞光,但端出這個蘋果甜點,無論大人小孩都會如獲至寶,開心的一起享用喔!

🍴 分量 **4** 小朵

🍅 材料

小蘋果 ／ 1 顆
市售冷凍酥皮 ／ 2 片
黃砂糖 ／ 2 大匙

🥄 步驟

1 將蘋果削皮去核，對切後再切成薄片。（不去皮比較美觀，去皮口感較佳。）

2 將蘋果片和砂糖放入鍋中，小火慢慢拌炒至柔軟，瀝乾放涼備用。

3 冷凍酥皮取出，退冰 5 分鐘後，切成兩半。

4 將蘋果片擺放在酥皮上，尾端要留一公分，慢慢捲起來，將尾端稍微壓緊。

5 一一放入專用烤模中，再放入已預熱的烤箱中，以 170℃烤 10 分鐘即可。

香蕉磅蛋糕

口感濕潤紮實的磅蛋糕，帶著奶油香氣和香蕉濃郁的風味，表面綴以糖霜及香蕉果乾，也可以省略裝飾而保留它樸實的樣貌。

🍴 直徑長 17× 寬 8× 高 6 CM 蛋糕模 **1** 個

這款常溫蛋糕在夏天可保存兩天，冬天可保存四天左右。

若沒有烘焙紙，亦可抹上無鹽奶油並灑上薄薄一層砂糖，防止沾黏。

自製香蕉果乾做法：將香蕉切片放在氣炸鍋煎烤盤，用氣炸鍋以 60℃烤 1 小時，留在烤箱中使其乾燥，約每六小時就再以 60℃烤 1 小時，直到香蕉乾燥縮成原本三分之一的厚度。

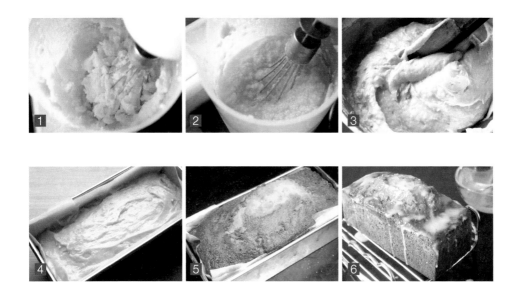

材料

無鹽奶油 ／ 140g
細砂糖 ／ 100g
雞蛋 ／ 2 顆
低筋麵粉 ／ 140g

泡打粉 ／ 1 茶匙
熟透的香蕉 ／ 2 根
糖粉 ／ 3 大匙
香蕉果乾 ／ 適量

步驟

1　無鹽奶油放置室溫軟化；雞蛋打散；低筋麵粉過篩；熟透的香蕉 2 根壓成泥，備用。

2　使用電動打蛋器，將奶油和砂糖打至蓬鬆，分次加入蛋液和香蕉泥。

3　用矽膠刮刀將蛋奶糊、麵粉和泡打粉拌勻。

4　蛋糕烤模放入烘焙紙，將麵糊倒入烤模中，放入氣炸鍋或已預熱的烤箱中，以 170℃烤 10 分鐘後，取出，用錫箔紙包住表面後，再繼續烤半小時至熟透。（用竹籤搓入不會沾黏出麵糊就是熟透了。）

5　將糖粉和水混合均勻，淋在蛋糕上，放涼之後綴以香蕉果乾即可。

黑糖肉桂麵包卷

將麵糰捲入肉桂黑糖，烤至表面金黃微酥，最後淋上誘人糖霜，享受這溫暖的北歐情調。

🍴 分量 2 人份

放入冰箱冷藏會使澱粉劣化，口感變差。如果隔天就會吃完可以常溫保存。或是分切後用保鮮膜包好，放入密封袋後冷凍保存約兩週。要吃的時候取出，以 130℃ 烤 6 ～ 8 分鐘即可。

材料

麵糰

A 高筋麵粉 ／ 140g
低筋麵粉 ／ 60g
鹽 ／ 2g
砂糖 ／ 30g
奶油 ／ 30g 室溫軟化
蛋液 ／ 30g
水 ／ 110g

乾酵母 ／ 2g
B 高筋麵粉 ／ 適量
（用來防止沾黏）
黑糖 ／ 50g
肉桂粉 ／ 1/2 茶匙
（或更少 依喜好調整）
奶油 ／ 20g 隔水加熱融化

糖霜

糖粉 ／ 50g
水 ／ 10g

步驟

1　除了乾酵母外，將 [麵糰] 的材料都放入麵包機中，按功能十，攪拌均勻後加入乾酵母。攪拌功能完成後（約 20 分鐘），讓麵糰在麵包機中發酵 40 分鐘。

2　將麵糰取出，按壓排氣，四邊往內折後整成圓形，收口朝下，再放入麵包機中發酵 15 分鐘。

3　揉麵墊上撒薄薄一層麵粉，將麵糰取出放在揉麵墊上，一邊撒手粉防止沾黏，一遍以擀麵棍將麵糰擀成 20cm×25cm。

4　外側邊緣保留 5 公分的距離，刷上奶油，篩上黑糖肉桂粉。

5　往外捲起後，捏合接縫。用棉線或刀切成六等份。

6　放入圓型模具中，發酵 40 分鐘。

7　包上鋁箔紙，放入已預熱的烤箱或氣炸鍋中，以 180℃烤 20 分鐘。

8　將鋁箔紙取出，再烤 5 分鐘。肉桂卷取出放在架上冷卻。

9　將 [糖霜] 混合均勻，將糖霜淋上肉桂卷即可。

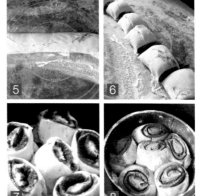

蘭姆葡萄乳酪蛋糕

紐約經典重乳酪蛋糕，香濃綿滑的細緻風味，偶爾嘗到蘭姆葡萄的成熟風味，還有簡單的餅乾基底，在慵懶的午後作為犒賞自己的甜點，真棒！

直徑 17 公分的圓形烤模 **1** 個

漂亮切乳酪蛋糕的方法：將冷藏的乳酪蛋糕放冷凍約 15 分鐘後取出脫模。刀子泡熱水後擦乾，切下一刀後，再泡一次熱水並擦乾，再切下一刀。或是刀子用瓦斯爐燒一下，熱了就快速切下乳酪蛋糕，就能切的乾淨漂亮喔！

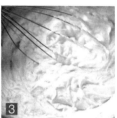

材料

蛋糕

奶油乳酪（Cream Cheese）／350g

細砂糖／95g

雞蛋／2 顆

優格／100g

鮮奶油／150g

檸檬汁／1 大匙

蘭姆葡萄

葡萄乾／50g

蘭姆酒／50ml

餅皮

消化餅乾／90g

無鹽奶油／50g

步驟

1 葡萄乾泡在蘭姆酒中半小時或隔夜備用。

2 餅乾和奶油放入食物處理機中攪打均勻，烤盤上鋪烘焙紙，將底部撲滿餅乾後壓平，撒上蘭姆葡萄乾。

3 攪拌盆中，用電動打蛋器將奶油乳酪打至蓬鬆，一邊用打蛋器攪拌，依序分次加入砂糖、雞蛋、優格、鮮奶油和檸檬汁。

4 將乳酪糊倒入模具中，放入氣炸鍋，外鍋加 200ml 的水，用 150℃烤 20 分鐘後，轉 120℃再烤 40 分鐘。

5 放涼後用抹刀輕輕的將邊緣與烤模切開，這樣冷藏時不會在表面有龜裂。冷藏隔夜後享用。

法式可麗餅

在優閒的週末將麵糊拌好，隔天或數小時後，優閒的慢慢將每片餅皮煎至漂亮的金黃顏色，淡淡的奶油香氣和所有喜歡的配料都是那麼契合。

🍴 約 10-15 張可麗餅

🍅 材料

雞蛋 ／2 顆
鮮奶 ／600ml
細砂糖 ／1 茶匙
鹽巴 ／少許
中筋麵粉 ／200g
無鹽奶油 ／約 1 大匙

🥣 步驟

1　將雞蛋、鮮奶、細砂糖和鹽巴在攪拌盆中混合均勻，中筋麵粉篩入拌勻（可以用打蛋器或叉子）。

2　用濾網過濾後包好保鮮膜後放冰箱冷藏 3 小時以上。

3　平底煎鍋刷上薄薄一層奶油，中小火熱鍋，用大湯勺舀入麵糊，煎約一分半左右，翻面再煎一分鐘至表面金黃時起鍋，放在網架上冷卻（重覆這動作將麵糊用畢）。

TIPS

🥕 柔軟的法式可麗餅皮，依喜好搭配果醬、鮮奶油、冰淇淋、新鮮莓果、蜂蜜糖漿。

🥕 如果沒有一次吃完，折成扇形後平均放置在不鏽鋼盤上，鋪上保鮮膜再放第二層，最後包好保鮮膜冷凍，至少可保存一個月。

美式鬆餅

晚上將麵糊拌好，讓它在冰箱裡睡一晚，隔天
早上用幸福的鬆餅香氣喚醒一家人。要用耐心
小火慢慢煎鬆餅的時間，一邊布置早晨的餐
桌，或是刷刷睫毛膏（記得設定計時器），鬆
餅和自己都美美的上餐桌。

🍴 約 **8** 個掌心大小的鬆餅

材料

低筋麵粉 ／100g
泡打粉 ／1 茶匙
鮮奶 ／100ml
檸檬汁 ／1 茶匙
雞蛋 ／1 顆
細砂糖 ／50g
奶油 ／25g

步驟

1 奶油隔水加熱融化。

2 低筋麵粉加泡打粉混勻過篩備用。 準備一個攪拌盆，用打蛋器一邊攪拌， 並依序加入鮮奶、檸檬汁、雞蛋、砂糖、奶油。

3 再將低筋麵粉和泡打粉加入，並用矽膠攪拌刮刀由下往上攪拌均勻。

4 包上保鮮膜後，冷藏靜置一小時或隔夜，這個步驟會讓鬆餅口感更蓬鬆，因為麵粉的筋性有時間鬆弛。

5 用中火熱鍋，鐵鍋或不沾鍋皆可，用廚房紙巾抹上少許油，用湯杓舀一匙麵糊下鍋，轉小火兩面各煎 1 分鐘至表面呈現漂亮的金黃色即可。

TIPS 放 1 塊奶油並淋上蜂蜜是我和孩子最愛的經典甜口味，不嗜甜的話也可以搭配培根生菜享用喔。

抹茶冰淇淋

從京都宇治帶回來的抹茶粉，淡淡苦味還有旅
行中的優閒氣息，喜歡抹茶的人一定要嘗試！
另外也可以用可可粉替代抹茶粉，改作巧克力
口味的冰淇淋喔。

🍴 分量 2 人份

材料

牛奶 ／ 1.5 杯
抹茶粉 ／ 1 大匙
蛋黃 ／ 2 顆
細砂糖 ／ 80g
鮮奶油 ／ 1.5 杯

步驟

1 用手持攪拌器將抹茶和鮮奶混合均勻，倒入小鍋中以中小火加熱至鍋邊略微起泡（約70℃）。

2 在碗中用電動打蛋器打散蛋黃和砂糖，分次加入步驟①的抹茶牛奶，同時用打蛋器混合均勻。

3 重新到回鍋內加熱，一邊攪拌邊煮至約70℃，手指抹過沾在攪拌匙上的液體，能有明顯的痕跡。

4 過篩後加入鮮奶油拌勻，倒入容器中，放到冷凍庫，每 1～2 小時就取出用叉子翻攪均勻，直到冷凍至翻攪不動為止（這個步驟會讓冰淇淋口感比較鬆棉）。

TIPS 製作過程需要花時間等待和翻攪，建議週末白天做冰淇淋，才不會錯過了翻攪時間，如果沒有持續不斷的翻攪，就變成硬硬的抹茶鮮奶冰磚喔！

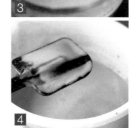

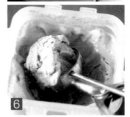

Chapter 3

親友相聚的重要時刻

家人好友小聚、為寶貝辦派對、團圓節慶等，料理賦與它們特別的意義～因為，美味又漂亮的食物會替妳（你）傳達了愛與用心。

Kid's Party 歡樂點心

為了孩子設計可愛造型，討孩子歡心，讓料理時刻更具魅力～當然，同時吃到健康是很重要的。所以注意營養及天然食物的攝取，例如在蛋包飯中加入多種蔬菜，減少加工肉品；果凍可保留水果原貌，纖維質讓口感更多層次，作法都不難，快邀請寶貝的同學朋友們來家裡開派對吧！

聖誕節華麗大餐

聖誕節是親友相聚的歡樂時刻，有了柑橘香料紅酒暖身，更能暢所欲言的聊不停。雖然一桌子菜好像很複雜，只要先將餅乾、甜點或濃湯前一天做好，當天再準備主餐及配菜，不會太費工耗時，主餐可依人數選擇，人多的話，烤雞很棒！用餐前開始餐桌布置，放上蠟燭，在木盤放些松果、紅金色玻璃球等，如果有小孩，聖誕樹披薩是可愛又受歡迎的選擇。

團圓中國年菜

新科媳婦入門後跟著婆婆學，除了傳家菜，還有娘家客家味，年節除了團圓外，也展露廚藝給家人，分擔媽媽的辛勞。
燉煮類是越煮越好吃，像栗子燒雞、高昇排骨、梅干扣肉可前一日備好冷藏，湯品則可先熬好，當天再加冬瓜煮滾後再下蛤蜊，而涼菜當然是前一天煮好冰鎮，用餐前取出排盤。新手也可選擇快速又好看的料理，如花雕黃魚、彩椒牛肉、松子年糕牛肉、豆腐鮭魚味噌湯，就不會手忙腳亂了。

小雞魔鬼蛋

魔鬼蛋是歐美常見的派對小點，將蛋黃與美乃滋、第戎芥末醬拌勻後再填回蛋中，給孩子準備的不加芥末醬，再用紅蘿蔔、葡萄乾點綴成小雞造型，懶洋洋的從酪梨草地探出頭來，好可愛！

🍴 分量 2 人份

TIPS

🥕 步驟圖 1 的熟度是用微電鍋示範，通常煮 2 ～ 4 顆。內鍋放好後，選擇再加熱，約 15 分鐘會沸騰，沸騰後按保溫，蓋上鍋蓋燜 10 分鐘就是完美水煮蛋。分量外的水煮蛋可冷藏當隔天早餐。

🥕 水煮蛋的運用方式很多，可用塑膠袋裝入剝好殼的水煮蛋，再以醬油、味醂和水各 1 大匙一起混合冷藏醃漬過夜就是美味的醬油蛋。或是烤片吐司，放入切片酪梨、水煮蛋，淋上檸檬汁、撒上海鹽，就是很營養的三明治。

🥝 材料

雞蛋 / 2 顆　　　　　　　酪梨 / 1/2 顆
美乃滋 / 約 1 茶匙　　　　檸檬汁 / 1 大匙
紅蘿蔔 / 約 2 片　　　　　吐司 / 1 片
葡萄乾 / 約 2 顆　　　　　鹽巴 / 適量

🥄 步驟

1 將雞蛋放在鍋中，加冷水淹過雞蛋約一公分，加少許鹽巴，煮滾後熄火加蓋燜 10 分鐘。

2 將雞蛋取出泡冰水，輕輕將蛋殼均勻地敲出裂痕，撥開就是漂亮的水煮蛋了。

3 酪梨切丁後，加檸檬汁和適量鹽巴拌勻；吐司用模具或杯子壓成圓形備用。

4 紅蘿蔔先切片、再切菱形，撒上少許鹽醃漬去土味。

5 以棉線將水煮蛋切對半，取出蛋黃。將蛋黃和美乃滋拌勻，以鹽調味好後，用擠花袋或小冰淇淋挖勺，將蛋黃填回雞蛋中。

6 承上，利用紅蘿蔔片做小雞的嘴巴，和類似愛心型的雞冠，再將葡萄乾切成適當大小做成眼睛。

7 最後組合吐司、酪梨和步驟 6 的雞蛋就完成了。

瓢蟲造型鮪魚沙拉餅乾

以鮪魚沙拉為主角的派對小點心,利用小番茄和葡萄乾做出瓢蟲造型,就是讓孩子愛不釋手的可愛版本。

🍴 分量 **2** 人份

🍅 材料

鮪魚罐頭 ／80g（1 罐）
洋蔥碎 ／1 大匙
酸黃瓜切碎 ／2 大匙
美乃滋 ／1 大匙
鹽巴 ／適量
小番茄 ／適量
葡萄乾 ／適量
小餅乾 ／適量

🥣 步驟

1　鮪魚罐頭瀝乾，用廚房紙巾稍微吸乾，酸黃瓜切碎。

2　將鮪魚、洋蔥碎、酸黃瓜堆碎和美乃滋拌勻，試吃並以鹽調味。

3　小番茄縱切成四等份作為瓢蟲的翅膀，葡萄乾切成適當大小作為瓢蟲的頭和翅膀上的斑點。

4　在餅乾上依序放上鮪魚沙拉、番茄和葡萄乾即可。

TIPS

🥕 鮪魚沙拉中，可以加入洋蔥碎、酸黃瓜、黑橄欖、芥末籽醬、美乃滋……都可以依喜好調整。問問小賓客們有沒有不敢吃的食物（我認識好多小孩都不敢吃生洋蔥），不要讓挑食的壞心情破壞派對氣氛喔！

玉米乳酪鹹蛋糕

孩子和大人的派對不同，當媽咪們端坐餐桌聊天時，孩子在落地窗前扮家家酒，或到遊戲櫃前玩火車軌道，對寶貝來說玩耍總是比食物重要，如果不介意就讓孩子偶爾邊吃邊玩，方便手拿的營養鹹點，口感有彈性而不易掉屑，今天就開心玩啦。

🍴 17×8×5 CM 的磅蛋糕模 **1** 個

TIPS 🥄 倒入麵糊前，烤模先放入烤模紙或烘焙紙，這樣熟成時取出比較方便，也不易沾黏。

材料

雞蛋 ／2 顆	低筋麵粉 ／100g
橄欖油 ／2 大匙	泡打粉 ／1.5 大匙
鮮奶 ／2 大匙	玉米粒 ／100g
鹽 ／1/4 茶匙	乳酪丁 ／50g
羅勒 ／1/4 茶匙	

步驟

1　雞蛋打散，一邊攪拌一邊慢慢加入橄欖油和鮮奶，再加入過篩的低筋麵粉和泡打粉，加入鹽和羅勒，用刮刀拌勻。

2　拌入玉米粒和乳酪丁。

3　烤模放入烤模紙或烘焙紙，再將麵糊倒入，一起送入已預熱至 160℃的氣炸鍋中，以 160℃烤 30 分鐘即可。

香蕉煎餅與巧克力醬

用 1 根香蕉 2 顆蛋，超簡單的食材，加一點耐心，
完成漂亮的香蕉煎餅，而幼幼版的美學就是用湯匙
在盤子或煎餅上作畫一番，在吃得滿臉都是的滿
足。

分量 2 人份

用計時器紀錄煎至上色的時間，之後就可以計時翻面，放空邊整理廚房，邊完成每片都
美美的煎餅。

溫熱的融合巧克力和鮮奶油，使其質地柔軟細滑如醬的就是巧克力甘奈許（Ganache），
平常我喜歡堆疊幾層，將巧克力甘納許徐緩淋上，從視覺嗅覺先享受一番，再細細品嘗
濃郁香蕉和苦甜巧克力交織的美味。

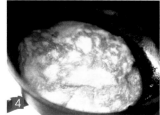

材料

香蕉 ／ 1 根
雞蛋 ／ 2 顆
無鹽奶油 ／ 少許
巧克力 ／ 60g
鮮奶油 ／ 60g

糖煮香蕉
香蕉片 ／ 1 根
砂糖 ／ 1 大匙

步驟

1　巧克力切碎；將香蕉、雞蛋用打蛋器壓散拌勻。

2　鮮奶油加熱至 70℃左右，鍋邊開始有小泡泡而未沸騰時，熄火，將切碎的巧克力下鍋，慢慢攪拌均勻，試吃後加糖整甜度即為巧克力甘奈許。

3　鍋子抹上薄薄一層奶油，中小火熱鍋後，用冰淇淋挖勺或湯匙將步驟①香蕉蛋糊挖入鍋中，煎至金黃焦香後再煎另一面。

4　糖煮香蕉的香蕉片下鍋，撒上 1 大匙的砂糖，加熱至糖融化即可。

5　將煎餅堆疊幾層，再徐緩淋上巧克力甘納許或讓孩子自己加入即可。

果乾燕麥餅乾

膳食纖維豐富的燕麥、酸甜抗氧化的蔓越莓
乾,綿潤不膩口的香氣,搭配鮮奶或豆漿,給
孩子健康無負擔的甜點時光!

分量 2 人份

材料

蔓越莓乾 ╱ 50g

蘭姆酒 ╱ 1 大匙

無鹽奶油 ╱ 120g

黃砂糖 ╱ 100g

雞蛋 ╱ 1 顆

低筋麵粉 ╱ 100g

泡打粉 ╱ 1 茶匙

鹽 ╱ 1g

燕麥片 ╱ 150g

步驟

1 將蔓越莓乾泡在蘭姆酒中半小時或隔夜。

2 攪拌盆中用打蛋器把室溫軟化的奶油和砂糖打至蓬鬆，分次加入蛋液，用打蛋器攪拌均勻。

3 低筋麵粉和泡打粉混合過篩，和鹽與燕麥加入攪拌盆中，橡皮刮刀攪拌均勻後，加入蔓越莓乾拌勻。

4 烤盤抹油並鋪上烘焙紙，氣炸鍋預熱至160℃。

5 用冰淇淋勺或湯匙將餅乾麵糰挖至烤盤上，將麵糰壓成一公分的厚度，送入氣炸鍋中以160℃烤 10 分鐘，烤盤取出放涼後再拿取比較不會碎裂。

TIPS

蔓越莓乾 50g 可用葡萄乾代替。

若是用烤箱則預熱至 180℃，亦以 180℃烤 10 ～ 15 分鐘。

棉花糖可可

食安問題屢傳不鮮，讓我習慣在選購商品時研究一下成分，才發現以往愛喝的沖泡式巧克力飲品也含有不少添加物，之後我都自己煮熱可可，給孩子喝的版本巧克力少一點，加上軟軟的棉花糖，小小一杯就會很開心。

🍴 分量 **2** 人份

苦甜巧克力的甜度自己煮熱可可，沒
有膩口甜味，而是更為濃郁的巧克力
香氣，也可隨心情加入彩色棉花糖，
更繽紛恣意。

材料

苦甜巧克力 ／ 50g
鮮奶 ／ 250g
棉花糖 ／ 適量
糖 ／ 少許

步驟

1 鮮奶加熱至 75℃左右，鍋邊開始微微沸騰，
熄火備用。

2 將巧克力用切碎機打碎後下鍋，待三分鐘後
攪拌均勻，試喝並以糖調味。

3 倒入杯中，讓孩子自己放入棉花糖享用。

熊寶寶番茄蛋包飯

不知道為什麼，小時候對蛋包飯有很多憧憬，
或許是卡通裡的乖小孩就可以吃蛋包飯，又或
許是餐廳的兒童餐常常是蛋包飯吧！給孩子準
備這可愛小巧的蛋包飯，炒飯中添加新鮮蔬菜
是讓孩子營養更均衡的堅持。

🍴 分量 2 人份

番茄醬可用番茄糊替代；蔥花可以新鮮洋香菜或羅勒切碎代替。
紅蘿蔔碎和蔥花都是我冷凍庫的常備品，將食材切碎後用夾鏈保鮮袋分裝冷凍，要用的
時候稍微敲散，不用退冰直接下鍋。炒飯中也可以添加洋蔥碎、甜椒碎或蘆筍碎等食材，
分量不要太多而喧賓奪主即可。

材料

炒飯
奶油 ／1 大匙
紅蘿蔔碎 ／1 大匙
番茄細丁 ／50g
隔夜白飯 ／約 1 碗
番茄醬 ／1 大匙

蔥花 ／1 大匙
鹽巴 ／約 1/4 茶匙
蛋皮
雞蛋 ／2 顆
鮮奶 ／1 茶匙
鹽巴 ／少許

裝飾
起司片
番茄醬
葡萄乾
燕麥

步驟

1 中火熱鍋到掌心離鍋面十公分可感受到熱氣，將奶油和紅蘿蔔碎下鍋翻炒後，加入
白飯翻炒，加入番茄丁、番茄醬、蔥花和鹽巴，翻炒均勻試吃調味即可。

2 將雞蛋、牛奶打散拌勻，熱鍋後加少許奶油融化，蛋液下鍋煎成蛋皮。

3 碗沖過水讓它有點濕潤，先填入炒飯後倒扣在盤中，覆蓋上蛋皮作為熊寶寶主體。

4 耳朵部分用迷你冰淇淋挖勺舀炒飯，也可以用圓形模具填入炒飯，最後用起司片、
番茄醬、葡萄乾和燕麥裝飾成小熊造型即可。

小狗吐司披薩

很簡單的造型方式，讓孩子愛吃的焗烤吐司，
更有派對的歡樂感！醬料可以如食譜中稍微講
究的運用食材熬煮，也可以偷懶的用市售番茄
醬。熱狗斜切片做小狗耳朵，也可以橫切成圓
圓的，做成小熊耳朵喔。

🍴分量 **2** 人份

🥕 市售冷藏德國香腸開封後，建議裝入密封保鮮袋中，冷凍保存 1 ～ 2 個月。用來做紅醬
或白醬的義大利麵、鹹派、烘蛋等等都很方便。

🥕 剩下的吐司和起司不用丟，可以做成麵包布丁。
1 顆雞蛋＋ 100ml 鮮奶＋ 2 大匙細砂糖拌勻，吐司丁、起司丁裝入烤盅，淋上蛋奶液，
以氣炸鍋 160℃烤 10 分鐘即可。

材料

吐司 ／2 片	鹽 ／少許
洋蔥碎 ／2 大匙	糖 ／1/2 茶匙
番茄糊 ／2 大匙	莫札瑞拉乳酪絲（披薩起司）／2 大匙
德國香腸 ／1/2 根	市售乳酪片 ／2 片
黑橄欖 ／3 顆	

步驟

1 將吐司、起司片用杯子或圓型模具壓切成圓形；番茄醬料用鹽和糖調味，備用。

2 洋蔥碎和番茄糊用小火拌炒。

3 熱狗斜切片，頭尾圓弧處及多餘的部分切碎下鍋。

4 兩顆黑橄欖橫切出一個圓圓的鼻子，剩下的黑橄欖再縱切成兩半，用模具或擠花嘴壓出小圓眼睛。另一顆黑橄欖切片後再切出圓弧的嘴巴，剩下的部分切碎下鍋（用小刀操作）。

5 吐司抹上適量醬料，撒上少許莫札瑞拉乳酪，用氣炸鍋 160℃烤 5 分鐘（至起司烤至金黃）。

6 將起司片、黑橄欖、熱狗片放入氣炸鍋用餘溫加熱約 1 分鐘，讓裝飾食材可以比較固定。

7 最後用筷子點綴少許番茄醬作為腮紅。

堅果地瓜泥甜筒

台灣的地瓜香甜綿密,好吃極了!添加堅果、
燕麥和果乾讓風味更有層次。與吐司、生菜結
合成三明治,是我很愛的早餐組合。用甜筒餅
乾來裝一球球的地瓜泥,讓孩子有幻想在吃冰
淇淋的幸福感,很好玩吧!

🍴分量 4 人份

材料

地瓜 ／400g（小的兩條）
綜合果乾堅果穀物 ／約 1/2 碗
美乃滋 ／2 大匙
餅乾甜筒 ／4 ～ 8 個

步驟

1 將地瓜蒸熟，用叉子壓成泥，加入綜合果乾堅果穀物和美乃滋拌勻。

2 用冰淇淋挖勺將地瓜泥挖到冰淇淋杯中即可。

TIPS

🥕 不喜歡美乃滋的朋友可略這個食材。

🥕 餅乾甜筒可以在家樂福或大潤發等賣場買到。

🥕 家中常備著有機即食早餐綜合果乾堅果穀物很方便喔！

🥕 我通常有小麥、大麥、燕麥、裸麥、葡萄乾、蔓越莓乾、葵花籽、亞麻仁籽等等，可依喜好自己組合。腸胃負擔比較重的日子，加在無糖優酪乳中作為簡單早餐，也可以在自製吐司時，加 2 大匙增添吐司的口感層次。

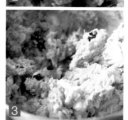

蜂蜜水果凍

如果將水果做成果凍，對孩子的吸引力可會大幅提升！用蜂蜜水為基底，可以讓水果像鑲在寶石中，非常漂亮。

🍴 分量 **2** 人份

材料

吉利丁片 ／2 片
蜂蜜 ／3 大匙
溫水 ／250ml
柳橙 ／2 顆

步驟

1 吉利丁片泡冷水軟化備用。

2 將柳橙果肉片下來。把蒂頭和另一端果皮切除至可以看到果肉，平穩擺在砧板上，沿著果肉將果皮切除，不能留下白色的部分。沿著中間薄膜纖維下刀，片下果肉。

3 蜂蜜和約 60℃的溫水混合，加入瀝乾的吉利丁片拌勻。

4 柳橙果肉放在做果凍的容器中，注入蜂蜜水，冷藏隔日即可。

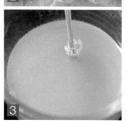

TIPS 當然也可以用綜合果汁來做果凍，而果凍中的新鮮水果以軟質為佳，如葡萄、奇異果、柳橙、草莓、水蜜桃等等口感較好。

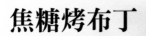

焦糖烤布丁

想讓小孩認識「真正」的布丁是什麼滋味，淡淡的雞蛋鮮奶香，加上甜甜焦糖，偶爾還有香草籽、可可粉、抹茶粉等不同變化，以後下課別去便利超商，帶同學來家裡吃媽咪的愛心布丁吧！

🍴分量約 **6** 小杯

材料

鮮奶／300g
鮮奶油／80g
雞蛋／80g（約 1.5 顆）
細砂糖／50g

焦糖
細砂糖／100g
水／40g

步驟

1 細砂糖和水在鍋中混合，以中火煮至微微咖啡色就熄火，餘溫會讓焦糖繼續上色。

2 玻璃皮用熱水消毒過，將焦糖糖漿分裝入玻璃瓶中。

3 鍋中加入鮮奶和鮮奶油，以中小火煮至約 80℃。（邊緣開始有小泡泡而未沸騰。）

4 雞蛋加砂糖，用電動打蛋器攪拌一分鐘，在蛋液中慢慢加入熱牛奶，同時用打蛋器攪拌，再將蛋奶液過濾後分裝入玻璃瓶中。

5 將玻璃瓶放在烤盤上，烤盤上加水至玻璃杯一半的高度，氣炸鍋以110℃烤1小時。

6 取出放涼冷藏至少隔夜，冰涼涼的享用。

義式香料麵包棒

介於餅乾和麵包之間的口感，適合當開胃小
點，客人陸續上桌，小酌紅酒、啃啃麵包棒，
讓主人還有閒暇準備上菜而不失禮。外層酥脆
而帶有嚼勁，慢慢在口中散發的義式香料的氣
息。

材料

高筋麵粉 / 200g
鮮奶 / 140ml
鹽 / 5g
橄欖油 / 15g

酵母 / 3g
義大利綜合香料 / 3g
蛋白（裝飾用）

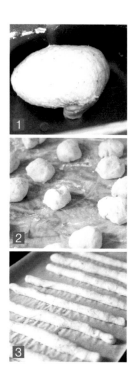

步驟

1 除了酵母和蛋白外，其他材料都放到麵包機中攪拌均勻，加入酵母，揉勻後靜置發酵半小時。

2 取出麵糰，用刮刀分切成 16 等份，用掌心搓成長條形，手持兩端輕晃成細長形，放到煎烤盤上，蓋上保鮮膜再次靜置發酵半小時。

3 氣炸鍋預熱至 180℃，在煎烤盤上鋪烘焙紙，放上麵包棒麵糰，刷上蛋白液，以 180℃烤 5 分鐘，或至表面金黃焦香即可。

TIPS

 除了與餐前酒一同享用外，也可以搭配初榨橄欖油、咖啡或西式濃湯。

除了與餐前酒一同享用外，也可以搭配初榨橄欖油、咖啡或西式濃湯。

義大利綜合香料可改用芝麻或是帕瑪森乳酪變換口味。

蛋白主要是裝飾用，讓表面有光澤，也可省略。

牛肝蕈蘑菇濃湯

在餐廳喝到的蘑菇濃湯很多都是用馬鈴薯或麵粉勾芡，其實不用勾芡或炒麵糊，只要食材量多自然就有濃郁口感。選用各種新鮮菇蕈，搭配香氣濃郁的乾燥野菇就有層次豐富的美妙風味。

🍴分量 **4** 人份

白酒的酸香可以讓湯品風味輕盈一些，料理用請選購甜度較低的白酒。

新鮮菇蕈可選用草菇、秀珍菇、柳松菇，而杏鮑菇味道較不適合，金針菇則是不容易打碎。

雞高湯可以牛高湯替換。

材料

牛肝蕈菇粉 ／ 2 大匙
蘑菇 ／ 250g
鮮香菇 ／ 250g
鴻禧菇 ／ 250g
洋蔥碎 ／ 約 1/2 顆
奶油 ／ 30g

白酒 ／ 100ml
雞高湯 ／ 600ml
鹽巴 ／ 適量
鮮奶油 ／ 約 4 大匙
乾燥或新鮮
洋香菜碎 ／ 少許

步驟

1 將新鮮香菇和蘑菇清洗後切片，鴻禧菇切去
　根部後撥散（不要泡水，會讓香氣減少）。

2 熱鍋，以奶油將洋蔥炒香且軟，水分炒乾
　後，將作步驟 1 的菇蕈和牛肝蕈菇粉下鍋
　拌炒至鍋內沒有多餘水分。

3 白酒下鍋煮至沸騰，加入高湯煮滾，轉小火
　煮 20 分鐘，再用手持攪拌棒或果汁機攪打
　成細緻的濃湯。（請分次少量處理，以免熱
　湯噴濺。）

4 最後以鹽巴調味，盛入碗中後，綴以拌炒的
　菇蕈、淋上鮮奶油，上桌前撒上少許洋香菜
　即可。

超市或網路買到牛肝蕈粉末，使用上有點像柴魚
粉，少了浸泡步驟，運用的料理變化更多：可以
加少許在蛋液中拌勻，做成帶有菇蕈香味的西式
炒蛋；書中的南瓜麵疙瘩，以馬鈴薯代替南瓜，
再添加少許的牛肝蕈菇粉，和白醬很搭配；清炒
義大利麵加一點牛肝蕈粉和洋香菜也很香。
整朵的乾燥牛肝蕈，就要以泡冷開水 15 分鐘後擰
乾水分、切碎，和菇蕈一起拌炒，而泡菇的水就
和高湯一起下鍋，風味更佳。

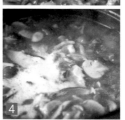

柑橘香料熱紅酒

在歐洲非常經典的熱紅酒，在紅酒中加了柑橘
和肉桂、丁香、豆蔻、八角等香料，烹煮至暖
手而不燙口的溫度。柑橘和香料可以去除紅酒
的澀味，用便宜的紅酒來做這道飲品無妨，可
以依照個人喜好增減食材的分量。

 分量 4 人份

 平日都喝無糖飲料的朋友，也可不添加糖調味，別有風味。

🍅 **材料**

紅酒 ／ 500ml	豆蔻 ／ 1/2 顆
柳橙 ／ 2 顆	八角 ／ 1 顆
肉桂 ／ 1 根	砂糖 ／ 適量
丁香 ／ 1 茶匙	

🥣 **步驟**

1 柳橙切對半，榨出果汁。

2 將果汁、柳橙、紅酒和香料放入鍋中，
中火煮至 70 ～ 80℃，試喝並以砂糖調
整甜度。

嫩煎菲力牛排佐紅酒醬

聖誕節除宗教意義，更多是相聚的歡樂氛圍。喜歡邀請好友們來家裡，輕鬆且能暢所欲言無時間限制，餐桌主菜選擇菲力牛排或小羔羊排特別美味，偏高價位可以給你最尊榮的客人。牛排煎好需靜置三分鐘，這個時間可以來做簡單紅酒醬。

🍴分量 **2** 人份

TIPS 🥕 如果鍋內不會太焦，呈深棕色而非棕黑色，則用原鍋製作醬汁。如果鍋內已燒焦，則另起一鍋。

材料

菲力牛排 / 2 片	麵粉 / 1 茶匙
鹽巴 / 1/2 茶匙	紅酒 / 100ml
奶油 / 5g	鹽和現磨黑胡椒 / 適量

步驟

1 在牛排上均勻的撒鹽巴，抹上一層油。

2 鍋子燒熱，滴入水珠如果快速蒸發是還不夠熱，若成滾珠狀跑動就是夠熱了。

3 牛排下鍋，每 20 秒翻面一次，重複這個動作約三分鐘，或至適當熟度。

4 中小火熱鍋，加入奶油和 1 茶匙麵粉，拌炒均勻後加入紅酒，用打蛋器攪拌均勻，順便將鍋底的焦香物質刮起融合在醬汁中，以鹽和現磨黑胡椒調味，就是簡易紅酒醬。

菲力牛排的油花少，是牛排部位中最嫩的，敢吃生食的人會覺得三分熟的口感最好，超過五分熟就顯乾老了。選購時最好是超過兩公分的厚度，並且用棉繩稍微綑綁固定。根據英國三星大廚赫斯頓布魯門索（Heston Blumenthal）的科學理論，牛排在熱鍋上每 20 秒就翻面，重複這個步驟約三分鐘，能確保表面煎至焦香，而內裏不會過熟。用電子探針溫度計插入肉中間，三分熟的中心溫度是 45℃，五分熟 55℃。

烤全雞與黑橄欖洋蔥甜椒

全雞一上桌就很有聖誕氣氛，烤雞下襯的是吸飽雞汁且顏色鮮
豔的甜椒，也可以馬鈴薯或芽球甘藍替代，全部送進烤箱就能
同時完成華麗料理，而下廚者還能兼顧優雅形象，完全是宴客
的必勝料理！

🍴 分量 **4** 人份

材料

小土雞 ∕約 800g

紅甜椒 ∕ 1 顆

洋蔥 ∕ 1/2 顆

黑橄欖 ∕ 10 顆

馬鈴薯 ∕ 1 顆（小粒）

奶油 ∕ 50g

乾燥百里香 ∕ 1 茶匙

乾燥迷迭香 ∕ 1/2 茶匙

鹽巴 ∕ 少許

步驟

1 將鹽漬過的雞從冷藏室取出退冰約一小時。

2 紅甜椒順紋切絲，洋蔥逆紋切絲，與黑橄欖平均鋪在烤盤上，撒上少許鹽巴。

3 將馬鈴薯洗淨，塞入雞的腹腔中，用棉繩把腿綁起來。

4 奶油、百里香和迷迭香放入食物處理機中打碎，均勻平敷在雞身表面。

5 將大烤箱預熱至 180℃，將烤雞連同烤盤送入烤箱烤 1 小時，中途每 20 分鐘左右將蔬菜翻拌一下，確認平均受熱至烤雞全熟即可。

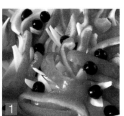

 TIPS

用鹽漬法處理過的全雞，連雞胸都能保持柔軟多汁。做法有二種，如下。

泡鹽水，將全雞泡在濃度 1.5% 的鹽水中冷藏隔夜（1L 的水加 55g 的鹽巴）這個方法能確保醃漬均勻。

乾漬法，每 100g 的肉抹上 1g 的鹽巴，冷藏隔夜。

堅果羊小排

小羔羊排的香氣溫和，用綜合香草醃過，刷上法式第戎芥末籽醬，外層裹著酥脆的堅果麵包粉，充滿層次的香氣與口感，令人口頰留香。

🍴 分量 **4** 人份

材料

整排帶骨小羔羊排 ／ 約 500g（共八支骨）
普羅旺斯香料 ／ 1 茶匙
粗鹽 ／ 1/2 茶匙
法式第戎芥末籽醬 ／ 2 大匙
核桃 ／ 20g
杏仁 ／ 20g
麵包 ／ 20g
奶油 ／ 10g
新鮮薄荷葉 ／ 適量

步驟

1　將羊排抹上普羅旺斯香料及海鹽，靜置 10 分鐘後，用已預熱的烤箱以 180℃烤 15 分鐘。

2　將核桃、杏仁、麵包及奶油放入食物處理機中打碎。

3　烤好的羊排塗上第戎芥末籽醬，將堅果麵包粉壓裹於上，再送回烤箱中以 180℃烤 5 分鐘，使其金黃酥脆。

4　出爐後靜置 5 ～ 10 分鐘後，再分切享用。

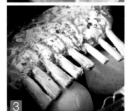

TIPS

普羅旺斯香料：源自法國南部普羅旺斯的香料組合，由百里香為主調，添加羅勒葉、月桂葉及迷迭香等組合而成，比義式綜合香料清香。

花椰薯泥花圈

這個繽紛可愛的造型花圈，是聖誕大餐的最佳配角。無論是烤雞或是牛排，來些薯泥、花椰菜和小番茄，絕對讓佳肴錦上添花。

🍴 分量 **4** 人份

 馬鈴薯放入微電鍋的內鍋中，加入 500ml 的水和 1/2 茶匙的鹽，再加熱 25 分鐘即可。

🍅 **材料**

馬鈴薯 ／ 2 顆	橄欖油 ／ 少許
奶油 ／ 30g	小番茄 ／ 6 顆
鮮奶油 ／ 2 大匙	鹽巴和現磨黑胡椒 ／ 適量
綠花椰菜 ／ 1 小棵	

🥣 **步驟**

1　馬鈴薯去皮蒸煮至熟透，瀝乾放入攪拌盆中，加奶油和鮮奶油，用叉子壓成薯泥，以鹽巴和現磨黑胡椒調味。

2　煮一鍋 500ml 的滾水加 1/2 茶匙的鹽和 1 大匙橄欖油，將花椰菜下鍋煮三分鐘撈起瀝乾備用。

3　用冰淇淋挖勺將薯泥挖成球後盛入盤中，縫隙間插入花椰菜，最後點綴上切半的小番茄即可。

聖誕樹披薩

披薩麵糰和抹醬都可以事先做好，配料則全憑喜好調整，只需要用甜椒刻的星星點綴，就會很有聖誕樹的感覺喔！為了讓披薩看起來像顆「聖誕樹」，我用花椰菜及甜椒星星點綴，另外可以加切碎的培根，很香喔～

🍴 直徑 20 公分 **2** 個

TIPS 🥕 剩下的甜椒不用擔心無法運用，可以切碎後放入夾鏈保鮮袋中冷凍保存，之後可以用來做烘蛋或其他料理。

材料

薄餅麵糰
高筋麵粉 ／150g
細砂糖 ／1 大匙
鹽巴 ／1/2 茶匙
水 ／75ml
橄欖油 ／2 大匙
乾酵母 ／1 茶匙

番茄醬料
蒜碎 ／1/2 茶匙
番茄糊 ／80g
乾燥羅勒 ／1/4 茶匙
高湯 ／120ml
細砂糖 ／1/2 茶匙
鹽巴和黑胡椒 ／適量

配料
莫札瑞拉乳酪 ／200g
培根 ／50g 切丁
甜椒 ／切碎
（用裁切星星剩下的部分）
青花菜 ／50g
紅、黃甜椒 ／各 1 顆

步驟

1 除了乾酵母外，將薄餅麵糰的材料放入麵
  包機中，選擇功能十或是攪拌發酵的功能，
  攪拌均勻後再加入乾酵母。放置約 1 小時，
  可以看到麵糰變得光滑有彈性。

2 等披薩麵糰的同時來熬煮醬汁，將 [醬汁]
  所有材料入鍋，煮滾後轉小火熬煮至濃稠，
  約 15 分鐘。

3 甜椒切去頭尾，用星型壓模或小刀切成星
  型，用擠花嘴壓小圓型。

4 煮一鍋滾水，加 1/2 茶匙的鹽和 1 大匙的
  橄欖油，青花菜下鍋煮兩分鐘，撈起備用。

5 將麵糰分成兩份，其中一份包保鮮膜後，
  放冰箱備用。

6 沿著煎烤盤大小剪一塊烘焙紙，將一份麵
  糰放在烘焙紙上，擀平成三公釐厚，再蓋
  上保鮮膜靜置 15 分鐘。

7 氣炸鍋連同煎烤盤一起預熱至 200℃。

8 用叉子在步驟 6 餅皮上戳洞，一半分量的
  番茄醬汁均勻塗抹在餅皮上，均勻的撒上
  乳酪、培根和甜椒碎。連同烘焙紙一起將
  披薩放在煎烤盤上，以 200℃烤 5 分鐘。

9 出爐後分切成三角型的六等份，點綴上青
  花菜及甜椒星星即可。

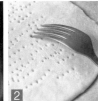

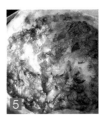

杏仁雪人餅乾

帶有杏仁香氣的鬆棉餅乾，中間帶有巧克力
夾心，在這個特別節日，多花一點點心思畫
上雪人造型，在飯後聊天的時間出場，或是
讓賓客帶回家享用，很是小巧可愛。

🥗 材料

雪人主體	巧克力甘奈許
無鹽奶油 ／75g	巧克力 ／50g
糖粉 ／55g	無鹽奶油 ／10g
雞蛋 ／1/2 顆	鮮奶油 ／15g
低筋麵粉 ／100g	
杏仁粉 ／75g	
鹽 ／1g	

👅 步驟

1 在室溫軟化的奶油中篩入麵粉，用電動打蛋器攪拌均勻。

2 將打散的蛋液分次加入，充分攪拌。

3 將低筋麵粉、杏仁粉和鹽過篩加入，用橡膠刮刀拌揉成麵糰，放進塑膠袋中壓成圓餅狀，放進冰箱冷藏半小時至一小時。

4 將麵糰分成小圓球，送進氣炸鍋，以 150℃烤 10 分鐘。（還沒用到的麵糰可以冷藏備用）

5 準備一個小攪拌盆，放入切碎的巧克力、無鹽奶油和鮮奶油。另外準備一個大盆裝 1/3滿的滾熱水，讓巧克力隔水加熱融化，攪拌均勻備用。

6 烤好的餅乾塗抹上巧克力甘奈許，用筷子和小叉畫上雪人造型即可。

 TIPS 步驟 3 的麵糰鬆弛產生筋性會讓餅乾吃起來更酥鬆。

約克夏布丁

約克夏布丁是用來搭配肉類主食的麵包，口感
比麵包紮實而有彈性，可以把餐盤上的美味肉
汁抹得一乾二淨，做法也非常簡單喔。

🍴 馬芬烤模 **4-5** 個

材料

中筋麵粉 ／100g
雞蛋 ／1 顆
鮮奶 ／100ml
鹽巴 ／1/4 茶匙

步驟

1　烤模和氣炸鍋預熱至 160℃。

2　將所有材料混合均勻，用冰淇淋挖勺或湯匙
　將麵糊倒入烤模中，以 160℃烤 10 分鐘。

花雕黃魚

曾在餐廳吃過的這道江浙菜,花雕酒獨特的香氣、金華火腿和香菇的鮮美,輕巧的帶出黃魚的滑嫩滋味,加上蔥白辣椒的綴飾,更顯年節繁華的氛圍。

材料

黃魚 ／ 1 尾
金華火腿 ／ 3 片
乾香菇 ／ 2 朵
花雕酒 ／ 2 大匙
鹽巴 ／ 適量
薑 ／ 3 片
蔥白 ／ 3～4 枝
大支的辣椒 ／ 1～2 根

步驟

1 乾香菇加少許水，泡半小時至軟化；金華火腿切片洗淨。

2 蔥白切段（約 4 公分），辣椒切小段（約 1 公分），將蔥塞進辣椒中，切花後泡水備用。

3 將黃魚洗淨，用廚房紙巾擦乾，放在料理不鏽鋼盤上，抹上鹽巴備用。

4 準備一個大盤子，放上薑片，在魚上鋪金華火腿和香菇，淋上花雕酒。

5 大鍋中準備蒸架，倒入一杯水，以中大火將水煮滾，轉中小火，放入黃魚，蓋上鍋蓋蒸 10 分鐘。

6 起鍋前，將蔥白辣椒點綴於盤中即可。

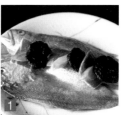

 TIPS 黃魚亦可依各人喜好替換其他白肉魚。

栗子燒雞

栗子和雞的諧音象徵著大吉大利，栗子香甜棉鬆的風味，帶到經典的家常紅燒料理中，鮮美香醇的醬汁也非常下飯。

如果買不到新鮮栗子也可用冷凍栗子取代，則可省略此泡水去膜的動作。

以萬用鍋煮則是蓋上鍋蓋，確認壓力閥在密封選項，選擇雞肉功能即可。萬用鍋中壓力穩定，湯汁不會滾得太厲害，栗子更能保留完整形狀。

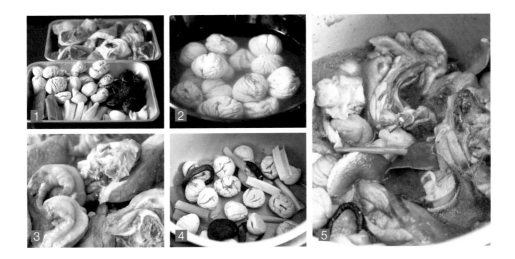

🍲 材料

雞腿 ／1 隻 （約 650g）
乾燥栗子 ／15 顆
乾香菇 ／4 朵
蔥 ／1 隻
薑 ／4 片

醬油 ／3 大匙
米酒 ／1 大匙
糖 ／1 大匙
清水 ／適量

🥄 步驟

1 乾燥栗子泡水過夜，用牙籤將栗子中間未清除乾淨的棕色膜皮去除。

2 青蔥切段、薑切片、大蒜去皮、雞腿切塊。

3 在煎炒鍋中抹上薄薄的油脂，熱鍋後將　塊的雞腿以雞皮朝下的方式擺放，煎至表面焦香，盛起備用。

4 將多餘油脂倒掉，鍋內留下薄薄一層油脂。

5 將青蔥和薑片下鍋，爆炒出香氣後，加入雞腿肉和栗子，加入醬油、米酒和糖，拌炒 1 分鐘後，加入清水，煮滾後轉小火燜煮半小時，起鍋前再加入青蔥段拌炒均勻即可。

涼拌牛肚

清脆黃瓜絲，麻辣辛香的牛肚，非常開胃的涼
拌菜，可以前一天先將牛肚滷好，隔天再切絲
涼拌。

 一個牛肚大約可以做兩份涼拌牛肚，可以分裝成適用的分量冷凍，每次要用的時候再解
凍蒸熟後切絲即可。

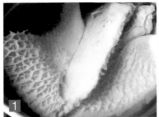

材料

牛肚 ／250g
小黃瓜 ／1 根
蔥絲 ／1 根的量
大紅辣椒 ／半根去籽

滷料
醬油 ／1/2 杯

米酒 ／2 大匙
冰糖 ／1 茶匙
開水 ／適量
老薑 ／3 片
蒜頭 ／三瓣
辣椒 ／1 根去籽

八角 ／1 顆
花椒 ／1 大匙

涼拌醬料
醬油 ／2 大匙
烏醋 ／1 大匙
麻油 ／1 大匙

步驟

1 備一小鍋熱水，加 1 大匙的米酒，將牛肚泡五分鐘後清洗乾淨。

2 將牛肚和 [滷料] 放入萬用鍋中，注入清水至剛好蓋過牛肚的量，按牛肉功能鍵烹調。或用燉鍋在瓦斯爐上，煮滾後蓋上鍋蓋轉小火慢燉兩小時。

3 步驟 2 煮好的牛肚取出放涼後，斜切薄片。

4 小黃瓜斜切片後切絲，辣椒去籽切絲。蔥切絲後泡水備用。

5 將牛肚和 [醬料] 的所有材料拌勻，加入蔥絲、辣椒絲、和黃瓜絲再次拌勻即可。

彩椒牛肉

這道料理色彩繽紛十分討喜，滿滿爽脆的蔬食
也平衡了年節桌上的大魚大肉，重點是大火熱
油爆炒，十分鐘內就可以上桌！

材料

牛肉片 ／ 200g

紅甜椒 ／ 1 顆

黃甜椒 ／ 1 顆

翡翠椒 ／ 兩根
（可用 1/2 顆青椒代替）

蔥 ／ 1 根 切段

蒜 ／ 兩瓣 去皮切片

牛肉醃料

醬油 ／ 2 大匙

米酒 ／ 1 大匙

藕粉或太白粉 ／ 1 茶匙

步驟

1 將牛肉片和醃料拌勻備用。

2 甜椒蒂頭朝下，沿著凹痕切開，剝去蒂頭和囊籽，用小刀切除白色薄膜，切塊；翡翠椒滾刀切塊。

3 大火熱鍋後澆入 1 大匙油，油熱後牛肉下鍋翻炒至七分熟，盛起備用。

4 蔥段蒜片下鍋爆香，甜椒翡翠椒下鍋翻炒 2 分鐘，再將牛肉下鍋翻炒均勻後，試吃並以鹽調味。

松子年糕牛肉

松柏常青的松子、年年高升的年糕和鮮美牛肉共組的這道好運年菜,口感和風味都層次豐富,在湘菜館第一次嘗到這道料理,馬上決定把味道復刻起來,太好吃了。

 牛肉建議用牛小排,就算不小心煮久了,口感也不會老柴不好吃。

材料

牛肉 ／200 克	醬油膏 ／2 大匙
年糕條 ／150 克	醬油 ／2 大匙
蔥 ／一枝 切段	米酒 ／1 大匙
松子仁 ／50 克	植物油 ／1 大匙

步驟

1 牛肉切塊，加入醬油膏和米酒拌勻後，加入植物油，醃約半小時。

2 年糕條切塊，泡冷水約半小時。

3 將松子用氣炸鍋 180℃烤 2 分鐘

4 將牛肉的醃醬倒入鍋中，加 100cc 的水，年糕下鍋拌炒至醬汁濃稠。

5 將牛肉放置在煎烤盤上，以 180℃烤 6 分鐘，或至表面微焦。

6 牛肉和蔥段下鍋拌炒，盛盤後撒上松子即可。

高昇排骨

年菜在命名上也很重要，這道排骨料理因為調味料的分量比例是 1:2:3:4:5，有象徵著步步高昇的好意象，所以高昇排骨當之無愧呀！

料理上的排骨選擇多，以燒、炒來說最好選擇小排骨，肉質嫩又多汁，若是剛好是帶骨及肋間肌肉分切而成，還含有軟骨，一起吃下可以補充鈣質。

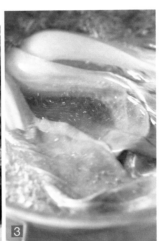

🍅 **材料**

排骨 ／約 600g
米酒 ／１大匙
砂糖 ／２大匙
白醋 ／３大匙

醬油 ／４大匙
清水 ／５大匙
青江菜或芥蘭（裝飾）

🥣 **步驟**

1 排骨和冷水放在湯鍋中，小火煮 10 分鐘，煮沸前熄火，洗淨瀝乾備用。

2 將米酒、砂糖、白醋、醬油、清水和排骨一起下鍋翻炒均勻，煮滾後轉小火，蓋上鍋蓋燜煮，每 5 ～ 10 鐘開蓋翻炒均勻，半小時後轉中火翻炒製醬汁濃稠即可。

3 煮一鍋滾水加 1 茶匙的油和少許鹽巴，將裝飾的青菜汆燙熟瀝乾，擺在盤上，再將排骨盛盤上桌即可。

梅干扣肉

還沒嫁作人妻前,我從來沒有下廚過,雖然是客家人卻從來沒做過梅干扣肉,用外婆做的梅乾菜,自己學做這道菜。五花肉片因為先經油煎,香軟中又帶有彈性。用梅乾菜燒至入味,醬汁鹹香回甘,濃醇油亮,是很適合在年節上桌的大氣料理。

TIPS 梅乾菜一般都有鹹度,所以可以用清水沖洗去多餘鹽分。

材料

五花肉 ／ 約 400g

梅乾菜 ／ 130g （約兩到三捆）

大蒜 ／ 3 瓣 去皮拍碎

香菜 ／ 1 小把

醬油 ／ 1 大匙

冰糖 ／ 1 茶匙

米酒 ／ 1 大匙

油 ／ 適量

豬高湯 ／ 100ml

步驟

1 熱鍋後用廚房紙巾或油刷抹一層油，將五花肉平均下鍋，以中火煎至金黃焦香後，翻面煎另一面。

2 五花肉盛起備用。原鍋將蒜頭下鍋爆香，冰糖下鍋拌炒均勻成金黃色，加入醬油、米酒和高湯，再加入五花肉燜煮半小時，中間翻動兩三次，起鍋。

3 梅干菜洗淨切碎擠乾水分，下鍋拌炒均勻，再與步驟 2 的五花肉一起燜煮半小時至入味。

4 盛盤後撒上切碎的香菜即可。

櫻花蝦米糕

爆香蝦米、肉絲、香菇後，加入糯米翻炒，讓
米粒好好的吸收所有風味，再蒸煮成香軟而帶
有些許彈性的米糕，橙紅的櫻花蝦以香氣和色
澤點綴，是很受歡迎的主食料理。

材料

長糯米 ／2 杯	老薑 ／2 片
梅花豬肉絲 ／300g	香油 ／1 大匙
醬油 ／1 大匙	醬油 ／2 大匙
米酒 ／1 大匙	五香粉 ／1/4 茶匙
蝦米 ／30g	白胡椒粉 ／1/4 茶匙
乾香菇 ／2 朵	櫻花蝦 ／1/2 碗

步驟

1 長糯米、香菇、蝦米分別泡水，至少一小時或冷藏隔夜。

2 肉絲加 1 大匙醬油和米酒拌勻；薑切末；蝦米切碎；香菇擠乾切絲，香菇水留著備用。

3 中火熱鍋，下 2 大匙葵花油，1 大匙香油，熱油後將薑末、蝦米和肉絲下鍋，拌炒至肉絲熟後，香菇絲下鍋拌炒均勻。（萬用鍋不蓋鍋蓋，使用無水烹調功能。）

4 承上，加入醬油、五香粉和白胡椒粉拌炒均勻。

5 糯米瀝乾下鍋拌炒均勻後，加入一杯半的水，煮滾後轉小火燜煮 10 分鐘，熄火燜 20 分鐘（萬用鍋蓋上鍋蓋，使用米飯功能）。

6 另外炒香櫻花蝦，一半分量拌入煮好的米糕中，另一半綴於其上即可。

 TIPS 可提前一天做好，隔天再同蒸籠加熱，讓宴客當天不會太過忙亂。

豆腐鮭魚味噌湯

過年一定要有魚，因為年年有餘，還要讓富貴增值～所以豆腐鮭魚味噌湯就有富貴餘增這麼棒的吉祥含意呢！

🍅 材料

鮭魚 ／ 350g

薑 ／ 1 片

米酒 ／ 1 大匙

清水 ／ 1L

豆腐 ／ 200g

味噌 ／ 80g

蔥花 ／ 30g

🥣 步驟

1 將鮭魚、薑片、米酒和清水放入鍋中，中大火煮滾後，撈去浮沫，轉小火煮 10 分鐘。

2 加入豆腐，用撈網和叉子將味噌拌入湯中，可以試味道斟酌調味，加入蔥花後熄火。

 🥕 鮭魚頭富含膠質，鮭魚肚的油脂豐美，或是喜歡鮮香的魚肉，可以依喜好選購。

蛤蜊冬瓜排骨湯

排骨細熬出的香醇、冬瓜的清甜、還有蛤蜊提鮮，絕對不會失敗的簡單湯品，但風味卻是如此細緻清雅。

材料

冬瓜 ／300g（約六公分一圈）
老薑 ／1 片
排骨 ／300g
蛤蜊 ／150g
清水或豬高湯 ／1.5L
米酒 ／1 茶匙

步驟

1 蛤蜊吐砂；排骨跑活水，同自來水放鍋中，冷水加熱至尚未沸騰（約 80℃），瀝乾洗淨備用。

2 將冬瓜去皮，放在砧板上切去外皮，去籽後切片。

3 將排骨和冬瓜放入鍋中，注入高湯或清水，放薑片和米酒，煮沸後轉小火慢燉兩小時。萬用鍋則按煲湯鍵，不用顧火調火力。

4 轉大火煮滾後，蛤蜊下鍋煮至殼開，最後試喝並以鹽調味即可。（萬用鍋則開蓋下蛤蜊，以無水烹調煮至蛤蜊殼開。）

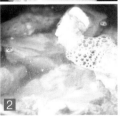

TIPS

蛤蜊的處理方式：將蛤蜊放入小鍋中泡鹽水，鹽水比例為 300ml 水加 1 茶匙的鹽巴，蓋上鍋蓋等一小時，或是冷藏一至兩天。

冰糖銀耳蓮子羹

充滿膠原蛋白的滑口甜羹，既養顏美容又清心安神。滑口的木耳及鬆軟的蓮子，老少咸宜，作為年夜宴席的甜品最為合適。

🍴 分量 **10** 人份

如果喜歡更細緻口感，可以用食物處理機打碎。

材料

乾燥白木耳 ／30g（泡水後約 450g）
冷凍新鮮蓮子 ／200g
紅棗 ／約 10 顆
清水 ／2L
冰糖 ／200g

步驟

1 將白木耳浸泡十分鐘至膨脹，一邊清洗一邊
剝成小塊，約拇指大小。

2 白木耳、蓮子、紅棗及清水放入鍋中，以萬
用鍋蒸煮十分鐘後，燜半小時左右開蓋，加
入冰糖，5 分鐘後拌勻即可（可依個人喜好
調整分量）。

選購蓮子

在夏季買新鮮的白河蓮子冷凍，外觀呈米黃而蒂頭
褐色，聞起來帶有優雅清香的果實味，冷凍可保存
約一年，烹煮時稍微沖洗毋需解凍。如果使用乾燥
蓮子，無需泡水，稍微沖洗後即可烹煮。

選購乾燥白木耳

挑選整朵完整的木耳，顏色最好偏米黃色，而梗心
是由內而外的漸層色澤。散狀的白木耳口感較差，
經硫化漂白機率也比較高。

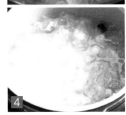

做菜一點也不難

食材多元，讓一盤料理中的顏色繽紛，賣相好就引人食欲，
當然選對常備調味料＋善用小家電，優雅出菜其實很簡單！

廚房裡的料理幫手
小家電好省時省力

手持攪拌棒

打果汁、濃湯、抹醬,不占空間又可以直接放入鍋中調理。

打碎機

用來切洋蔥碎、紅蘿蔔碎、做麵包粉、切碎巧克力或核果。

電動打蛋器

做烘焙時相當重要,遇到打發奶油或蛋白,可以省很多力氣。

萬用鍋

可用來:蒸、煮、滷、燉、煎、炒,在外租屋或沒有廚房的人,有了這個鍋就可以開伙了。有智慧壓力裝置,加壓烹調讓食材更快熟透,並且節能省電。

氣炸鍋

對小家庭或單身貴族,適當的爐內空間和旋風裝置,讓加熱效率更高,可取代烤箱。再參考其他書籍中的烤箱食譜,溫度和時間皆要減少調整。氣炸鍋上火較強,料理中途可暫停觀察,如表面先上色充足了,可蓋上鋁箔紙防止表面過焦。

微電鍋

不太占空間的小巧尺寸,對於小家庭很適合。我最常用來煮飯,做水煮蛋,煮馬鈴薯等等。

麵包機

市售麵包真的很多添加物,加上分擔店租人力等成本,怎麼算都是自己做麵包比較划算,更何況有了麵包機,作吐司就是把材料統統投入機器中,實在太簡單又有成就感了。

愛麵機

新鮮的麵條不一定每個人都吃過,我自己是認為烹煮時間短,彈性和香氣都遠勝於乾燥麵條,重點在自己做的安全衛生。家有小孩,愛麵機可以讓料理生活更有樂趣!

美味很簡單！
原來「重點調味」
就這些呀！

適量的調味料能為料理增添深度，盡量選購
成分單純無過多人工添加物，以優先購買順
序排列，可依預算慢慢購買收集。

鹽巴

最基本的調味料，除了一般料理使用的
細鹽，風味溫和的海鹽或岩鹽，能為燒
烤料理加分。

胡椒

現磨胡椒的風味最佳，黑胡椒適合肉類
料理，白胡椒適合海鮮料理。中式料理
用的白胡椒則推薦買磨好的白胡椒粉，
風味有些許不同。

料理用油

葵花油、葡萄籽油、酪梨油、玄米油、
調和油等，其香氣不強烈，發煙點較高，
適合用來煎炒。選購上建議交替使用。

初榨橄欖油

較不耐高溫，如要用來料理，毋需熱油，
直接與食材一同下鍋能避免溫度過高而
破壞風味及營養成分。在料理完成後淋
上少許的橄欖油能增添風味及光澤。

奶油

經過輕度發酵的奶油風味特別細緻迷
人，常用的品牌是艾許、伊思尼和總統
牌。但根據預算或購買的便利性，一般
的奶油如安佳亦可。

料理用酒

中式料理用的米酒，便宜又方便，用來
醃肉，或是在炒菜及煮湯加一茶匙提鮮。
紹興酒能代替花雕酒，和西式食譜中的
雪莉酒。
紅酒和白酒選擇價位在 350 元～ 450 元
左右的即可。
甜點常用的蘭姆酒可以買一小瓶。

醋

米醋最便宜，除了用在中日式料理，也
可以用來為刀具砧板殺菌。
西式料理常用的白酒醋，亦可用新鮮檸
檬汁替換使用。
風味濃郁甘醇的巴薩米克酒醋建議盡可

能選購品質好一點的小瓶裝。

乾燥香草

不常開伙的話，剛開始可以選購一罐義
式綜合香料或普羅旺斯香料，之後依序
慢慢入手乾燥月桂葉、百里香、迷迭香、
羅勒、小茴香等等，依喜好調整組合各
種香草及香料。

油漬鯷魚和鯷魚醬

鹹香鮮美的鹽漬鯷魚，幾乎在所有的西
式料理都可以添加，在熱油時加約半茶
匙的量，能為料理增添一抹圓潤濃郁的
基底風味。

第戎芥末醬

酸辣微嗆的風味，顆粒狀及泥狀的各一
小小罐，西式或日式料理都可以用到，
基本的橄欖油白酒醋沙拉醬中添加少許
可協助油水結合並增添風味。

帕瑪善乳酪

千萬不要用磨好的帕瑪善乳酪粉代替，
選購一塊好的帕瑪善乳酪 Parmasan（或
稱帕馬吉阿諾 Parmigiano），在沙拉、
燉飯、義大利麵、濃湯等料理盛盤後，
如雪花般刨撒少許，就可以讓料理更加
迷人。使用時注意刨刀保持乾燥，保存
則將乳酪用廚房紙巾包裹，放入夾鏈保
鮮袋中冷藏保存，至少能保存一年，用
到剩下外層硬皮的部分，可以與骨頭一
起熬高湯。

美好排盤，
幸福餐桌很 easy！

盤子留白的完美空間感

在盤中盛滿料理，會讓菜看看起來平凡無奇。只要將料理集中，讓盤子保留六成的空間感，就會散發出高雅的感覺。小尺寸鑄鐵鍋可以在瓦斯爐上烹煮、進烤箱及直接上桌的鑄鐵鍋，很適合做早午餐。湯品的話，一只漂亮的好鍋子很重要，琺瑯鑄鐵鍋單價較高，但作為理想的烹調工具，兼具美觀的外表，也讓很多料理家愛用中。

創造高度的立體感很吸睛

就像女人胸前風光一樣，集中！托高！就能創造出吸引目光的立體感。再搭配醬汁在盤邊裝飾，就能營造法式餐廳的氛圍。

利用新鮮香草妝點綴飾

香草盆栽可以在花市購得，在窗前中上一排香草盆栽，隨時為料理添上清新香氣。蔥、香菜、九層塔，可以用在中式料理。

羅勒 Basil
青醬的原料，作為西式料理的盤飾。

洋香菜／巴西利 Parsley
作為西式料理的盤飾。

迷迭香 Rosemarry
牛排、雞排、羊排等料理。

百里香 Thyme
適用於魚肉及海鮮料理。

蒔蘿 Dill
主要用於海鮮料理。

鼠尾草 Sage
常用於豬肉或南瓜料理。

奧勒岡 Oregano
可用於紅肉及紅醬。

薄荷 Mint
羊肉料理，或是裝飾甜點類。

優先入手的餐桌配角——碗盤及鍋具
白色餐瓷最為簡潔，在擺盤上也很好發揮。此外，因為料理多為暖色調，帶有藍色花紋的餐瓷則顯高雅，在簡約的料理呈現上不會過於單調。

小廚娘Olivia的美好食光
讓家更有味道的幸福料理

作　　　者／小廚娘 Olivia（邱韻文）
美術編輯／申朗創意
責任編輯／劉文宜
企畫選書人／賈俊國

總 編 輯／賈俊國
副總編輯／蘇士尹
行銷企畫／張莉榮・廖可筠

發 行 人／何飛鵬
出　　　版／布克文化出版事業部
　　　　　　臺北市中山區民生東路二段 141 號 8 樓
　　　　　　電話：(02)2500-7008　傳真：(02)2502-7676
　　　　　　Email：sbooker.service@cite.com.tw
發　　　行／英屬蓋曼群島商家庭傳媒股份有限公司城邦分公司
　　　　　　臺北市中山區民生東路二段 141 號 2 樓
　　　　　　書虫客服服務專線：(02)2500-7718；2500-7719
　　　　　　24 小時傳真專線：(02)2500-1990；2500-1991
　　　　　　劃撥帳號：19863813；戶名：書虫股份有限公司
　　　　　　讀者服務信箱：service@readingclub.com.tw
香港發行所／城邦（香港）出版集團有限公司
　　　　　　香港灣仔駱克道 193 號東超商業中心 1 樓
　　　　　　電話：+852-2508-6231 傳真：+852-2578-9337
　　　　　　Email：hkcite@biznetvigator.com
馬新發行所／城邦（馬新）出版集團 Cité (M) Sdn. Bhd.
　　　　　　41, Jalan Radin Anum, Bandar Baru Sri Petaling,
　　　　　　57000 Kuala Lumpur, Malaysia
　　　　　　電話：+603- 9057-8822 傳真：+603- 9057-6622
　　　　　　Email：cite@cite.com.my
印　　　刷／韋懋實業有限公司
初　　　版／2016 年（民 105）01 月
售　　　價／380 元

城邦讀書花園　　布克文化
www.cite.com.tw　WWW.SBOOKER.COM.TW

飛利浦健康氣炸鍋

美味大不同。

在家健康烘烤炸，
五星饗宴輕鬆做！

減油
80%**

家庭號

歐洲
原裝進口

N°1
Philips is the world's
leading low fat
fryer brand*

product
design award
2014
榮獲2014德國iF設計大賞

HD9240 健康氣炸鍋
皇家尊爵款(黑)

HD9240 健康氣炸鍋
皇家尊爵款(白)

此為廣告效果，請勿於氣炸鍋內置入盤子

▌健康美味秘訣

- Rapid Air歐洲渦流氣旋科技，可減少油脂
  最高達80%**，為您的健康把關

▌多樣化美味

- 健康氣炸鍋具備油炸、燒烤、烘烤，
  甚至烘焙效果，美味大不同
- 隨機附贈食譜，創意吃法盡在其中

▌使用方便快速

- 數位觸控顯示螢幕，可依食材所需口感，輕鬆調整時間溫度
- 1600W高功率效能，美味料理快速上桌
- 1.2kg（約5人份）烹調容量，方便料理各式喜愛菜餚
- 部分配件可置入洗碗機，清洗更方便
- 智慧型預設功能

* Source Euromonitor International Ltd ; Low fat fryers is per
  light fryers category definition ; retail volume sales 2013 and 2014
** 飛利浦內部測試，與一般傳統油炸鍋相比較